確率統計入門

モデル化からその解析へ

渡辺 浩・宮部 賢志 共著

JN098843

森北出版株式会社

はじめに

　みなさんは朝起きて天気予報を確認すれば降水確率を見かけるだろう．生活費の平均支出割合の統計を見れば，自分のお金の使い方が適正かどうか考えるかもしれない．このように，確率・統計は"身近にある数学"である．

　本書は，理工系大学の1年生を対象とする確率および統計の講義において，教科書または副読本として使われることを想定している．前半の第1章から第7章（確率編）では確率論の内容を扱い，後半の第8章から第11章（統計編）では統計学の内容を扱っている．全体を通して読み物調になっている．これは，授業を聴くだけでなく，本を読んで理解する習慣をつけてほしいとの願いからである．

　また本書では，各章の冒頭に具体的な現象や問題を提示して，身近な例から主題に入るという形をとっている．確率・統計に限らず，数学はいろいろな現象を理解するために「不思議なほど役に立つ」といわれるが，数学を「使う」ことを楽しみたい．そのため確率・統計で使われる概念や道具が，何を目的としてどのように出てきたのかを丁寧に解説している．

　本書を読むのに必要な数学的知識が，基本的な組み合わせ論の知識と1変数の微分積分などとなるように話題を限定している．大学で学ぶ高度な数学より前に，もしくは並行して，数学の使い方に触れてもらいたいとの願いからである．

　本書の構成は以下のようになっている．確率編では，確率モデルの導入後，確率変数，密度関数，期待値，分散などの概念を導入しながら，確率分布を用いた計算の方法を解説する．二項分布の極限として正規分布を紹介し，大きな集団の統計的性質が確率の言葉を使って表現できることを見る．

　統計編では，確率編で学んだことをもとにして，統計学の使い方を学ぶ．具体的には，推測統計の基本である統計的検定や推定の方法を解説するが，検定や推定の手順だけでなく，現象の確率モデルを作る考え方や，統計学特有の論理を丁寧に扱っている．

　教科書として本書全体を講義するだけの時間がない場合には，適当な章や節を選べば半年の講義で扱うことができるだろう．たとえば **Review!** や **One more !** をつけた節を省くことができる．**Review!** をつけた節では，高校や大学1年生で学ぶ数学を本書で必要になる範囲で簡単に復習している．他方，現代的に抽象化された確率論の枠組みや若干高度な定理の証明などは，発展的な話題として **One more !** をつけた節で解説したので，余裕のある読者はぜひ見てほしい．

　また，本書の実現に直接的および間接的に協力いただいた方々にこの場を借りて感謝したい．これまで明治大学の授業やゼミなどで確率・統計および関連する数学の話をする中で，質問やコメント，演習などを通して多くの気付きがあり，必要性を感じたことから，本書が作られることになった．本書の初期の原稿は明治大学の廣瀬宗光先生，吉田尚彦先生，野原雄一先生，国本学園の山根匡史先生に読んでいただき多くのコメントを頂いた．また明治大学学生の鈴木彩加さんにも多くのコメントをもらった．

　本書が，さらに専門的な確率論と統計学を学ぶための確かな基礎を築く一助となれば幸いである．

2020 年 1 月

著　　者

目　次

確率編

　確率という概念は，完全な予測が難しい場合に部分的な予測を表現する道具として使われる．たとえば，サイコロを振ったときに何の目が出るのかを完全に予測することは難しい．しかし，そのサイコロの目の出方がまったくのデタラメというわけでもない．

　1,2,3,4,5,6 の 6 面からなる普通のサイコロであれば，サイコロを繰り返し振ると，それぞれの目の出る相対頻度はどれも $\frac{1}{6}$ に近づく．つまり，n 回振って 1 の目が k 回出たとすれば，n が十分大きいとき，$\frac{k}{n}$ はほぼ $\frac{1}{6}$ になる．この現象は**大数の法則**とよばれている．サイコロを 1 回振ったときの目は予測できなくても，大量に振ったときの相対頻度はかなり正確に予測ができる．このような部分的な規則性を数値で表現する道具が確率である．

　さまざまなものの予測は日常生活でも無意識に，かつ直感的に行うだろう．確率という概念はその予測という行いを数値で正確に表現する．モンティ・ホール問題（ミッション 2.1）など，時には直感に反する結果も出てくる．確率は数学的パラドックスの話にあふれていて，実に楽しい．

　数学は公理と定義を最初に与え，推論規則を使って，定理を証明することで成り立つ学問である．しかし，確率は，現実世界における現象のモデルを作ることを想定している分野であることから，使いたい定理を証明なしで「考え方」という形でしばしば先に提示している．それらの多くは *One more !* の節で厳密な定義を与えたり，証明を与えたりしている．確率編を通して，数学の理論を作る作業の一端を感じてもらえるとうれしい．

第1章
確率概念

　本章では歴史的に有名な問題を通して，確率という概念とその確率の計算方法を学ぶ．扱う題材は「同様に確からしい」という性質，和の法則，独立性などである．

1.1　ガリレオ・ガリレイの問題

┌─ ミッション 1.1 … ガリレオ・ガリレイの問題 ─

　17世紀ごろ，ガリレオ・ガリレイ[†]は次のような質問をトスカナ大公から受けている．「サイコロを3個投げたとき，出た目の和が9になる組み合わせと10の組み合わせは，どちらも6通りである．しかし経験によると和が9になる目より10になる目のほうがよく出る．なぜだろうか？」

図 1.1　サイコロ

　この問題には確率という数学的道具を使って答えることができる．確率という道具がなぜ使えるのか，確率のどのような性質を使って計算するのか，を順番に説明していこう．

　サイコロとは，図1.1のような，ほぼ立方体で各面に1から6を表すものが描かれているものである．「すごろく」のゲームで進むマスの数をランダムに決めるときに使

　[†]　Galileo Galilei, 1564–1642.

われる.

　まずはトスカナ大公の疑問を確認してみよう. 3 個のサイコロの目の和が 9 になる組み合わせは,（3 個のサイコロの順序を無視すれば）

$$(1,2,6),\ (1,3,5),\ (1,4,4),\ (2,2,5),\ (2,3,4),\ (3,3,3)$$

の 6 通りであり, 和が 10 になるのは,

$$(1,3,6),\ (1,4,5),\ (2,2,6),\ (2,3,5),\ (2,4,4),\ (3,3,4)$$

の 6 通りである. よって, サイコロの目の組み合わせの数は同じである.

　次に, 和が 9 になる目より 10 になる目のほうが「よく出る」というトスカナ大公の「経験」を確かめたい. 実際に投げてみるとどうなるのか. しかし, 3 個のサイコロの和の割合が一定の値に収束するように繰り返し投げて実験をするのは大変なので, ここでは 2 枚の硬貨を同時に投げる実験をしてみよう. 表の枚数は 2, 1, 0 枚の三つの場合があり, 表裏の出方でいえば,

$$(表, 表),\ (表, 裏),\ (裏, 裏)$$

となる. それぞれの組み合わせの数は 1 通りずつで同じである.「3 個のサイコロの目の和が 9 になる組み合わせと 10 になる組み合わせがどちらも 6 通りだからそれらが同じ頻度で出る」という考え方に従うなら,「2 枚の硬貨を同時に投げたときも表の枚数が 2, 1, 0 枚の三つの場合が同じ頻度で出る」と考えることになろう.

　2018 年 5 月 3 日（木）に筆者の自宅の机の上で実験を行った. 使う硬貨は昭和 54 年製造の 100 円硬貨 2 枚. よく見れば違いがあるかもしれないが, ほぼ同じように見える. 造幣局の便宜に従い, 年号が記された面を裏, 花が描かれた面を表とした.

　図 1.2 はその結果である. 表の枚数が 2, 1, 0 となる相対頻度 (relative frequency)

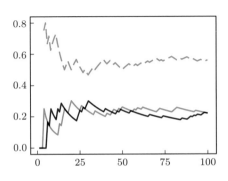

図 1.2　硬貨の表の枚数の相対頻度

がそれぞれ青，青の破線，黒で描かれている．横軸は試行の回数である．

　結局，全試行 100 回のうち，(表, 表) が 22 回，(表, 裏) が 56 回，(裏, 裏) が 22 回であった．わずかに 100 回の試行ではあるが，同じ頻度で出るようには思えない．これらが出る頻度についてどのように考えたらよいだろうか．

1.2　確率モデル

　現実の問題を理解するうえで，数学は非常に強力な手段を提供する．現実の問題はたいてい複雑で，影響を与えるもの，影響を与えるかもしれないものが非常に多い．そこで強く本質的に影響するものだけに注目し，それ以外の影響を無視し，さらにさまざまな仮定をおいて，数学的に解析できるようにしたものを**数理モデル**† といい，数理モデルを作ることを**モデル化**とよぶ．これは，現実の物体を理解するために，それに似せて作った小さな模型（モデル）を使うようなものである．

　数理モデルを解析して得られた解を解釈し，それを現実の世界で起きていることと比較して，不自然な点が見当たらなければ，その数理モデルはよいモデルであると考える．モデル化を行う目的は，現実の現象を理解したり，説明したり，予測したりすることである（図 1.3 参照）．モデル化においては，正確さよりも現象の本質的な部分を表現することが大切であり，解析や計算を容易にするために，単純化することも多い．特に確率概念を使ったモデルを**確率モデル**とよぶ．

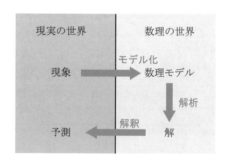

図 1.3　数理モデルの概念図

　ミッション 1.1 では三つのサイコロを振るという現象を考えている．サイコロの材質や大きさはさまざまで，目の表し方もいろいろな種類がある．サイコロを振るときには，誰がどの高さからどの角度でどんな回転の速度で投げるのかはさまざまである．机や床など転がる場所の材質も出る目に関係するだろう．空気の抵抗も関係するだろ

---

†　詳しくは Meerschaert『数理モデリング入門』[5] などを薦める．

うから，そのときの温度や風速，風向きも関係するだろう．このように影響を与える（かもしれない）すべてのことがわかれば，出る目も決まるはずである．しかし，これらの情報を正確に手に入れることは不可能であるし，手に入れたとしても，出るサイコロの目を計算するのは実際には不可能である．

そこで，サイコロの目を正確に予言するのではなく，「サイコロの目が出る確からしさ」を数量化した「確率」という概念を導入してみよう．実際のサイコロの目は上で述べたようなさまざまな条件に依存して決定論的 (deterministic) に決まる（とここでは思っている）が，そのサイコロの目の「出やすさ」に従って確率的に (probabilistic) 決まっていると思っても，それらを区別できない[†1]．この出やすさを表す数値を**確率** (probability) とよぶことにしよう．「出やすさ」はそれぞれの目が出る確からしさでもある．確率という概念は，これから見るように実に有用である．

1.3　「同様に確からしい」と独立性

確率はどう計算したらよいか．もっとも素朴な方法は**同様に確からしい** (equally likely) という概念に基づくものである．この考え方に基づく確率論は「古典的確率論」とよばれ，ラプラス[†2] の『確率の哲学的試論』[4] などによってまとめられた．

サイコロの目で出る可能性があるのは 1 から 6 までの 6 通りで，どの二つも同時には起こらず，どの目が出るかは同様に確からしいと仮定する．このような仮想的なサイコロを「正しく作られたサイコロ」などと表現する．実際のサイコロの目の出方は正確には「同様に確からしく」ないかもしれないが，この仮定は現実を十分よく近似してると期待できる．同様に，硬貨を 1 枚投げたとき，表と裏の出方は同様に確からしいと仮定する．

サイコロの場合，6 種類の目のうち 3 種類が偶数の目なので，「偶数の目が出る確率」は $\frac{3}{6} = \frac{1}{2}$ と考えてよいだろう．

考え方 1.1（同様に確からしい）　　起こりうる可能性が N 種類あって，どの 2 種類も同時には起こらず，それぞれは同様に確からしいとする．ある事柄 A が起こる場合が N 通りの可能性のうちの a 通りであったならば，その事柄 A が起こる確率は $\frac{a}{N}$ である．

---

†1　つまり，実現値の列が同じようなランダム列に見える．

†2　Pierre-Simon Laplace, 1749–1827.

▶ **注意 1.1** 確率は確からしさを数値で表現したものである. その確率を定義するのに, 「同様に確からしい」という概念を使うのは, 議論が循環している. しかし, まずは「同様に確からしい」という性質に基づいて計算できる確率の例を見ていこう. 上記の考え方が適用できない場合の確率については, 第 2 章以降で扱う.

「サイコロを振る」などの, 結果を観察するための実験を**試行** (trial) とよぶ. 確率を計算する事柄を**事象** (event) とよぶ. サイコロの目が「1 である」「2 である」「偶数である」などは事象である.

次に, 硬貨を二つ投げる場合を考えよう. 二つの硬貨が互いにぶつかったりするので, その意味で二つの硬貨はお互いに影響を与え合う. しかし, 直感的には「二つの硬貨が区別できて, 一方の表裏の出方は他方の表裏の出方に影響しない」と仮定してもよさそうである. このように, ある事象が起こったかどうかが別の事象の確率に影響を与えない場合, それらの事象は**独立である** (independent) という. また, 二つの試行に関して, それらの試行の結果を表すどの事象も独立のとき, それらの試行が独立であるという. そこで, 二つの硬貨の表裏の出方は独立であると仮定してみよう.

この場合, 何が同様に確からしい事象だろうか. 「表が出た枚数」で分ければ 2, 1, 0 の 3 種類であるが, 1.1 節で説明した実験から, これらは同様に確からしいとはいえなさそうである. 一方で, 1 枚目と 2 枚目の硬貨を区別して考えれば, それらの表裏の組み合わせは

$$(a)(表, 表), (b)(表, 裏), (c)(裏, 表), (d)(裏, 裏)$$

の 4 種類である. これらの事象について考えてみよう. これらは起こりうる可能性すべてを尽くしていて, どの二つも同時には起こらない. 二つの硬貨のそれぞれの表裏の出方は互いに独立であると仮定すると, 1 枚目が表の場合に, 2 枚目の表裏は同様に確からしいので, (a) と (b) は同様に確からしい. 1 枚目が裏の場合を考えれば, (c) と (d) は同様に確からしい. 2 枚目が表の場合に, 1 枚目の表裏は同様に確からしいので, (a) と (c) は同様に確からしい. よって, これら (a)〜(d) の 4 種類の事象は同様に確からしい. このことから, 表の枚数が 2, 1, 0 である確率はそれぞれ $\frac{1}{4}, \frac{1}{2}, \frac{1}{4}$ と計算できる.

この結果は 1.1 節の実験結果をうまく説明している. 「二つの硬貨は正しく作られており, 表裏の出方は独立である」という仮定は妥当そうである. そこで, 一般に, 複数枚の硬貨を投げたときには, それぞれの硬貨の表裏の出方は独立であると仮定する. また, 一つの硬貨を複数回投げた場合には, 毎回の結果は独立であると仮定する. サイコロの場合も同様に仮定する. このようにして, 硬貨投げやサイコロを振るという現象の確率モデルを構築する.

1.4 ガリレオ・ガリレイの問題の解答

1.3 節の硬貨の場合とまったく同様にして，3 個のサイコロを同時に投げた場合を考えてみよう．3 個のサイコロを区別して，目の組は $(1,1,1)$ から $(6,6,6)$ までの $6^3 = 216$ 通りあり，この 216 通りがすべて同様に確からしいと考える．そのうち，サイコロの目の和が 9 になるのは，

$$(1,2,6),\ (1,3,5),\ (1,4,4),\ (2,2,5),\ (2,3,4),\ (3,3,3)$$

だけではない．$(1,2,6)$ のように三つの数字が異なる場合には，その順番を変えた $3! = 3 \times 2 \times 1 = 6$ 通りが 216 通りの中に含まれる（必要であれば 1.6 節の組み合わせの部分を参照せよ）．すなわち，

$$(1,2,6),(1,6,2),(2,1,6),(2,6,1),(6,1,2),(6,2,1)$$

の 6 通りある．同様に，$(1,3,5)$ と $(2,3,4)$ も 6 通りある．$(1,4,4)$ と $(2,2,5)$ は 3 通り，$(3,3,3)$ は 1 通りである．よって，和が 9 である確率は

$$\frac{6 \times 3 + 3 \times 2 + 1 \times 1}{6^3} = \frac{25}{216} = 0.11574 \cdots \tag{1.1}$$

である．同様に，和が 10 である確率は

$$\frac{6 \times 3 + 3 \times 3}{6^3} = \frac{1}{8} = 0.125$$

である．確かに，和が 10 となる確率のほうがわずかに大きいようである．

1.5 確率の性質（和の法則，独立性，余事象）

確率を計算をするうえで便利な確率の性質を紹介する．これらの性質は，確率計算を「同様に確からしい」に基づいて計算することが適当でない場合に拡張する基盤にもなる．

■1.5.1 和の法則

起こりうる結果すべてからなる集合を**標本空間**といい，Ω で表す．事象は Ω の部分集合である．標本空間全体 Ω も一つの事象を表し，**全事象**とよぶ．事象 A の確率 (probability) を $P(A)$ と書く．

たとえば，1 個のサイコロを振った場合には，Ω はサイコロの目の全体 $\{1,2,3,4,5,6\}$ である．「偶数の目が出る」という事象は Ω の部分集合 $A = \{2,4,6\}$ で表される．

考え方 1.2（確率の性質 1） (1) すべての事象 A に対して，次式が成り立つ．

$$0 \leq P(A) \leq 1$$

(2) 全事象 Ω について，$P(\Omega) = 1$ が成り立つ．

これらは「同様に確からしい」に基づいた確率の定義では当然成り立つことである．

次に，「事象 A または事象 B が起こる」という事象を A と B の**和事象**とよび，$A \cup B$ で表す．「事象 A と事象 B がともに起こる」という事象を A と B の**積事象**とよび，$A \cap B$ で表す．事象 A と B についてともに起こることがないとき，A と B は**排反事象**であるという．

たとえば，サイコロを振って「3 の倍数が出る」という事象は「3 が出る」という事象と「6 が出る」という事象の和事象である．サイコロを振って「6 の倍数が出る」という事象は「偶数が出る」という事象と「3 の倍数が出る」という事象の積事象である．「1 が出る」と「2 が出る」は同時には起こらないので，排反事象である．

考え方 1.3（確率の性質 2） 事象 A と事象 B が排反事象であるとき，次式が成り立つ．

$$P(A \cup B) = P(A) + P(B)$$

サイコロの例でいえば，「3 が出る」と「6 が出る」という二つの事象は排反なので，「3 の倍数が出る確率」は「3 が出る確率」と「6 が出る確率」の和であることを意味している．

■1.5.2 独立性

考え方 1.4（独立事象の性質） 事象 A と事象 B が独立であれば，次式が成り立つ．

$$P(A \cap B) = P(A) \cdot P(B) \tag{1.2}$$

たとえば，大小二つのサイコロを投げたとき，それぞれの目は独立なので，「二つとも 1 の目が出る確率」は，「大きいサイコロの目が 1 の確率」と「小さいサイコロの目が 1 の確率」の積であることを意味している．

事象 A, B が独立でなければ，式 (1.2) は成り立たない．

▶**例 1.1**

硬貨 2 枚を投げて表 1 枚裏 1 枚が出る確率を求めよう．

この確率は考え方 1.2〜1.4 を用いて，次のようにして計算できる．1 枚目の硬貨と 2 枚目の硬貨を区別して，(表, 裏) と出る事象を A，(裏, 表) と出る事象を B とする．表 1 枚裏 1 枚が出るという事象は A と B の和事象 $A \cup B$ である．A の確率 $P(A)$ は，「1 枚目が表」と「2 枚目が裏」という独立な二つの事象の積事象だから，

$$P(A) = \frac{1}{2} \times \frac{1}{2} = \frac{1}{4}$$

となる．同様にして，$P(B) = \frac{1}{4}$ となる．さらに A と B は排反なので，

$$P(A \cup B) = P(A) + P(B) = \frac{1}{2}$$

となる．よって，硬貨 2 枚を投げて表 1 枚裏 1 枚が出る確率は $\frac{1}{2}$ である．

■1.5.3　余事象

事象 A に対して，「A が起こらない」という事象を A の**余事象**（よじしょう）とよび，A^c で表す．c は補集合を表す complement から来ている．余事象 A^c の確率は，

$$P(A^c) = 1 - P(A)$$

で与えられる．このことは，考え方 1.2(2) と 1.3 より

$$1 = P(\Omega) = P(A \cup A^c) = P(A) + P(A^c)$$

であることからすぐに導かれる．

▶**例 1.2**

サイコロを 2 回振って少なくとも 1 回は 6 の目が出る確率を求めよう．

「少なくとも 1 回は 6 の目が出る」は，「2 回とも 6 の目が出ない」の余事象である．サイコロを 1 回振って 6 の目が出ない確率は $\frac{5}{6}$ である．「2 回とも 6 の目が出ない」確率は，考え方 1.4 より $\frac{5}{6} \times \frac{5}{6} = \frac{25}{36}$ である．よって，「少なくとも 1 回は 6 の目が出る」確率は，$1 - \frac{25}{36} = \frac{11}{36}$ である．

1.6　集合の表現と組み合わせ　Review!

この節では確率を考える事象を表現するための集合の概念[†1] と，組み合わせの数の数え方について簡単にまとめる．

$\{1,2,3,4,5,6\}$ のような「ものの集まり」のことを**集合**という．この集合における 1 や 2 のように，その集合に含まれているものを**元**もしくは**要素**という．

自然数全体の集合は $\mathbb{N}$，整数全体の集合は $\mathbb{Z}$，実数全体の集合は $\mathbb{R}$ で表す．

$a < b$ となる実数 a, b に対し，$[a, b]$ は a 以上 b 以下の実数の集合 $\{x \in \mathbb{R} : a \leq x \leq b\}$ を表す．また，この形の集合を**閉区間**とよぶ．(a, b) は a より大きく b より小さい実数の集合 $\{x \in \mathbb{R} : a < x < b\}$ を表す．この形の集合を**開区間**とよぶ．

集合 A, B に対して，A の元または B の元となっているものの集合を A, B の**和集合**といい[†2]，$A \cup B$ と書く．すなわち，$A \cup B = \{x : x \in A$ または $x \in B\}$ である．A の元でもあり，B の元でもあるものの集合を A, B の**積集合**といい，$A \cap B$ と書く．A の元ではあるが，B の元ではないものの集合を A と B の**差集合**といい，$A \setminus B$ と書く．考えている全体の集合 X が定まっているときには，その集合 X を**全体集合**という．全体集合には含まれるが，集合 A には含まれない元の集合を A の**補集合**といい，A^c で表す．

集合の列 $A_1, A_2, \ldots$ に対して，A_k のどれかの元となっているものの集合を $\bigcup_{k=1}^{\infty} A_k$ で表す．つまり，ある $k \in \mathbb{N}$ に対して $a \in A_k$ となるとき，$a \in \bigcup_{k=1}^{\infty} A_k$ である．同様に，すべての A_k の元となっているものの集合を $\bigcap_{k=1}^{\infty} A_k$ で表す．つまり，すべての $k \in \mathbb{N}$ に対し $a \in A_k$ となるとき，$a \in \bigcap_{k=1}^{\infty} A_k$ である．

集合 $\{1,2,3,4,5\}$ において，5 個の元 $1,2,3,4,5$ を並べる順序は考慮しないので，$\{1,2,3,4,5\} = \{5,4,3,2,1\}$ である．一方で，並べる順序を考慮する場合は，$(\cdot)$ で囲んで，$(1,2,3,4,5), (5,4,3,2,1)$ のように書いて区別する．このように順序を考慮した有限列を**順序組**とよぶ．特に $(1,2), (2,1)$ のように，二つの元を並べた場合には，**順序対**とよばれる．$(1,2)$ と書いた場合には，順序対を表す場合と，実数の開区間を表す場合があるので，文脈から判断する．

n 個の元 $1, 2, \ldots, n$ を並べた順序組は，全部で $n!$ 個ある．一つ目の元の選び方が n 種類あり，それぞれの場合について，二つ目の元の選び方が $n-1$ 種類ある．以下同様にして，$1, 2, \ldots, n$ を並べた順序組の総数は $n \times (n-1) \times (n-2) \cdots 2 \times 1 = n!$ 個あることがわかる．

---

†1　本節で紹介する理論は，素朴集合論とよばれる．

†2　集合の言葉では和集合とよび，確率の文脈でその集合を事象として考えているときには和事象とよぶ．積集合，積事象についても同様である．

$\{1, 2, 3, \ldots, n\}$ などの区別できる n 個の元からなる集合から k 個の元を取り出す方法は，$\dfrac{n!}{k!(n-k)!}$ 個ある．この数を n 個の元から k 個の元を取り出す**組み合わせ**とよび，$\dbinom{n}{k}$ で表す．たとえば，$\{1, 2, 3, 4, 5\}$ から 3 個を取り出す組み合わせの数を数えよう．$1, 2, 3, 4, 5$ を並べた順序組 $5!$ 個を，最初の 3 文字によってグループ分けしよう．たとえば，最初の 3 文字が $\{1, 3, 5\}$ となるグループには，$(1, 3, 5, 2, 4)$ や $(5, 3, 1, 4, 2)$ などの元が含まれる．このグループは，最初の 3 文字の並び方 $3!$ と後ろ 2 文字の並び方 $2!$ をかけ合わせた $3!2!$ 個の順序組からなる．$\{1, 3, 5\}$ 以外のどの 3 文字を指定しても，そのグループは $3!2!$ 個の順序組からなるので，グループは $\dfrac{5!}{3!2!}$ 個あることがわかる．これが「5 個の元から 3 個の元を取り出す方法の数」である．

$(x + y)^n$ を展開すると，$x^k y^{n-k}$ の係数は，n 個の因子 $x + y$ から x を拾い出す k 個の因子を選ぶ組み合わせの数なので，$\dbinom{n}{k}$ である．このことから，二項定理

$$(x + y)^n = \sum_{k=0}^{n} \binom{n}{k} x^k y^{n-k}$$

が成り立つ．$\dbinom{n}{k}$ は**二項係数**ともよばれる．

Column　確率とは何か

確率とは何かという哲学的問いは現在でも議論され続けている．ここでは，頻度説，主観説，傾向説の三つの説について説明しよう．

一つ目の**頻度説** (frequency probability) とは，「確率とは相対頻度の極限である」という考え方である．たとえば，1 個のサイコロを繰り返し振るとする．事象の相対頻度とは繰り返し実験を行ったときに，その事象が起こった割合のことである．たとえば，600 回振って 1 が 112 回出たとすれば，1 の相対頻度は $\dfrac{112}{600}$ である．試行回数を大きくしたときに相対頻度が収束する極限を確率と考えるのが，頻度説である．それゆえ，頻度説では，同じ状況で繰り返し実験ができる対象などの限定的な状況でのみ確率について語ることができる．また，頻度説における確率は，試行の結果についての話であることに注意しよう．

頻度説は，1900 年代前半に，フォン・ミーゼスによって強力に推し進められた考え方である．確率の哲学の中でももっとも素朴で，受け入れやすい．しかし，極限を実験で測定できず，現実の現象との関係を十分説明できない．また，数学的な取り扱いは必要以上に困難である．

二つ目は**主観説** (subjective probability) で，「確率とは信念の度合いである」という考

え方である．すなわち，ある人がその現象についてどのくらい強く信じているかを数値で表したものが確率であるという考え方である．頻度説では，「この宇宙に地球人以外の知的生命体がいる確率」という文は意味がない．実験を行うことができないからである．しかし，私たちはそのような言葉を使うこともある．主観説ではベイズの定理を使うことが多いため，ベイズ主義ともよばれる．また，主観説を支持している人はベイジアンとよばれる．

　主観説は，確率という言葉を頻度説や次に述べる傾向説よりも広い意味で使うことができるが，主観的な確率という概念が科学の基盤（の一部）を担うことができるのかという議論もある．

　三つ目は**傾向説** (propensity probability) で，「確率とはその現象を引き起こす度合いである」という考え方である．再びサイコロを例に出す．サイコロを振るという試行の性質として，1,2,3,4,5,6 の目の出やすさを表す量があり，それを確率と考える．傾向説における確率は，試行（物体や環境を含む）に付随する性質であると見る．

　傾向説はポパーによって提唱されたといわれる．1.2 節の説明もこの考えに基づいており，現在の多くの人が自然に思い浮かべるものである．本書でも傾向説で解釈する立場をとることにする．

章末問題

演習問題

1.1（パスワード）　4 個のランダムな数字からなるパスワードを作りたい．そこで，0 から 9 までの 10 個の数字から一つの数字を選ぶという試行を独立に 4 回繰り返す．

(1) 4 個の数字がすべて偶数である確率を求めよ．

(2) 4 個の数字がすべて異なる確率を求めよ．

(3) 4 個の数字がすべて異なり，かつ小さい順に並んでいる確率を求めよ．

1.2（ド・メレの問題）　1654 年，フランスの数学者パスカル[†]は，ギャンブル好きな貴族のド・メレから次のような質問を受けた．

(1) 一つのサイコロを 4 回投げて，1 回でも 6 の目が出れば勝ち

(2) 二つのサイコロを同時に投げるという操作を 24 回行い，1 回でも二つとも 6 の目が出れば勝ち

どちらも同じ確率だと思うのに，(1) ではよく勝ったが，(2) ではよく負けた．どうしてだろうか．

　ヒント：「どちらも同じ確率だと思う」とはどういう意味だろうか．一つのサイコロを

[†]　Blaise Pascal, 1623–1662.

振って 6 の目が出る確率は $\frac{1}{6}$ で，二つのサイコロを同時に振って二つとも 6 の目が出る確率は $\frac{1}{36}$ であり，その比は $6:1$ である．(2) では (1) よりも 6 倍の回数挑戦しているので，(1) と (2) の勝つ確率は同じではないのか，という疑問である．考え方 1.3 は排反であるときのみ成り立つことに注意しよう．「1 回目で 6 の目が出る」「2 回目で 6 の目が出る」という二つの事象は排反ではないので，その和事象の確率はこれらの事象の確率の和にはならない．この場合，「起こらない」という余事象を考えると計算が楽になる．「4 回のうち少なくとも 1 回 6 の目が出る」という事象が起こらないというのは，「4 回とも 6 以外の目が出る」ということである．

1.3 （ポーカー）　トランプ 52 枚のカードはスペード，ハート，ダイヤ，クラブの 4 種類のスートに分かれており，それぞれに 1 から 13 までの数字がついている．ポーカーは，配られた 5 枚のカードでより強い役を作ることを競うゲームである．もっとも弱い役は「ワンペア」とよばれ，同じ数字のカードが 2 枚ある役のことである．52 枚のカードから 5 枚が無作為に配られたときに，同じ数字のカードが 2 枚以上ある確率を求めよ．

発展問題

1.4 （誕生日の問題）　n 人のグループで同じ誕生日の人がいる確率が $\frac{1}{2}$ を超える最小の n はいくらか．

 ▶ **注意 1.2**　本書の問題は，できるだけ現実世界の問題を選ぼうとしている．その問題に対して，まず適切な数理モデルをつくることを要求している．自然なモデル化が存在するような問題を選んでいるが，モデル化のしかたは 1 通りではないため，モデル化のしかたによって答えが変わるかもしれない．解答はあくまでも解答例である．1 人の人について誕生日は（うるう年を無視して）365 通りあって同様に確からしく，異なる人の誕生日は独立であると仮定する．

 ▶ **注意 1.3**　手計算では大変だろう．うまく計算機を使おう．単純な計算には携帯電話の電卓アプリや検索エンジンなどが使える．複雑な計算の場合にはプログラムを書く必要があるかもしれない．この本の多くのグラフはプログラミング言語の R によって書かれている．

1.5 （当選確率の問題）　スロットを 1 回回すと，確率 $\frac{1}{10}$ で出るアイテムがあるとする．スロットを回し続けてこのアイテムが 10 回以内に出る確率はいくらか．確率 $\frac{1}{100}$ で 100 回，確率 $\frac{1}{1000}$ で 1000 回の場合はどうだろうか．

1.6 （「秘書問題」（もしくは「結婚問題」））　秘書を 1 人雇いたい．面接官は n 人が応募してきていると知らされている．応募者には面接により重複なく順位がつけられると仮定す

る．無作為な順番で面接を行う．毎回の面接のあと，採用するかどうかをその場で決定する．その応募者を採用するかどうかはそれまでに面接したすべての応募者の能力を比較することによって決定する．不採用にしたらあとから採用することはできない．

　この条件で，最善（順位が 1 位）の応募者を採用する確率をもっとも大きくする戦略を考えたい．戦略として「最初の r 人を不採用として，その後の各応募者について，それまでに面接したすべての応募者よりも能力が高ければ採用する」という方法をとることにする．r をいくつにすればよいだろうか．また，そのときの確率はいくらだろうか．

第2章

条件付き確率

本章では，条件付き確率の概念を学ぶ．ある事象が起こったという条件で，別のある事象が起こる確率が，式によって表される．また，"同様に確からしい"という考え方が適用できない場合にも，確率の性質を公理として仮定することにより，確率を考えることができるようになる．

2.1　モンティ・ホール問題

┌─ ミッション 2.1 … モンティ・ホール問題 ─

　モンティ・ホールが司会を務めるアメリカのテレビ番組 "Let's make a deal"で，次のようなゲームが行われた．三つの扉のうち一つにだけ賞品が入っていて，回答者は賞品が入っている扉を当てたらその賞品がもらえる．ただし，扉は次のように2段階で選ぶ．

(1) まず，回答者は三つの扉からどれか一つを選ぶ．
(2) 次に，賞品のある扉を知っている司会者が，選んでいない扉の中から賞品の入っていない扉を一つ開ける．回答者があたりの扉を選んでいる場合は，残りの扉からランダムに一つ開けるとする．その後，回答者は残っている開けられていない扉に選択を変更してもよい．

回答者が扉を変更するのと変更しないのでは，どちらが当たる確率が高いか．

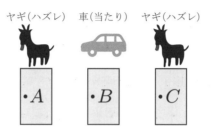

図 2.1　モンティ・ホール問題

1990 年発行の雑誌 Parade にて，マリリン・ボス・サヴァント（IQ が非常に高いことで知られていた）が連載するコラム「マリリンにおまかせ」の中で，扉を変更したほうが当たる確率が 2 倍になると答えた．多くの読者から「彼女の解答は間違っている」との投書があり，大論争に発展したが，最終的には彼女の解答が正しいと認定された．

多くの人は「確率は $\frac{1}{2}$ ずつで確率は同じだ．それなら最初に選んだほうを選び続けるほうがよい」と考えるようだ．あとで変更して外れると悔いが残るので，それを嫌うのであろう．

まずは問題を整理してみよう．ランダム性が関わるのは 3 か所である．賞品が入っている扉はどれか．回答者が最初に選ぶ扉はどれか．回答者が当たりの扉を選んでいる場合に，司会者が（ともにハズレの）どちらの扉を選ぶか．三つの扉に A, B, C と名前をつけよう．賞品が入っている扉と回答者が最初に選ぶ扉は，それぞれ A, B, C の 3 通りで $3 \times 3 = 9$ 通りあり，これらが同様に確からしい．9 通りのうち回答者が賞品の入っている扉を選んだ 3 通りの場合に，司会者がどちらの扉を選ぶかで 2 通りあり，その二つの事象は同じ確率である．図 2.2 はそれを表現していて，それぞれの面積の割合が対応する確率になっている．

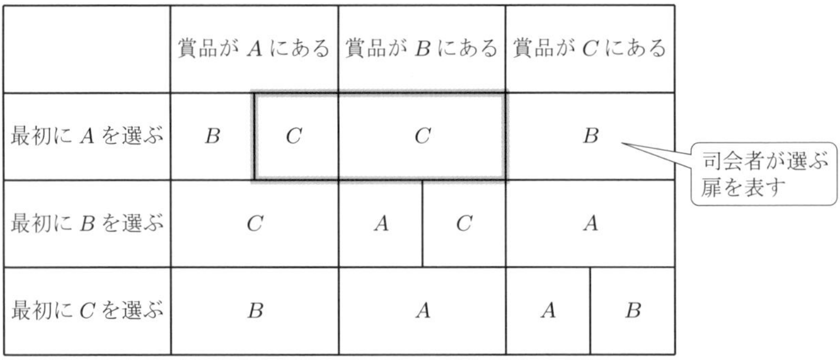

	賞品が A にある	賞品が B にある	賞品が C にある
最初に A を選ぶ	B | C	C	B
最初に B を選ぶ	C	A | C	A
最初に C を選ぶ	B	A	A | B

司会者が選ぶ扉を表す

図 2.2 モンティ・ホール問題の図

回答者が A を選び，司会者が C を選んでいたとしよう．青線で囲まれた部分の状況が起こっている．この状況の中で賞品が A にある割合が $\frac{1}{3}$ で，賞品が B にある割合が $\frac{2}{3}$ であることが，図の対応する面積を見ればわかり，これらがそれぞれの確率である．ほかの場合もまったく同様に，扉を変更した場合に当たる確率が $\frac{2}{3}$ となるので，扉を変更したほうがよい．

この状況で「賞品が B にある確率が $\dfrac{2}{3}$ である」というと混乱する．「回答者が A を選び，司会者が C を選んだとき」という条件が必要だからである．回答者が選ぶ扉を X，司会者が選ぶ扉を Y，賞品のある扉を Z とすれば，$X = A, Y = C$ のとき，$Z = B$ である確率が $\dfrac{2}{3}$ であるということである．そしてこの $\dfrac{2}{3}$ という値は，図からわかるように，$X = A, Y = C$ の確率と，$X = A, Y = C, Z = B$ の確率との比である．

賞品が B にある確率ははじめは $\dfrac{1}{3}$ であるが，条件がついたときに確率が $\dfrac{2}{3}$ に上がるのは「司会者が選ばなかった」という情報が増えるからである．これは次の例を考えれば実感しやすいだろう．もし扉が 100 枚で司会者がハズレの扉 98 枚を開ける場合を考えれば，最初に 100 枚の扉から直感で選んだ扉よりも，司会者が 99 枚の扉の中からあえて残した 1 枚の扉に賞品が入っている確率は大きそうに思える．

2.2　条件付き確率

2.1 節で考えた「条件がついたときの確率」を一般化しよう．事象 A が起こったという条件で，事象 B が起こる確率を $P(B|A)$ と書き，事象 A の条件での事象の B の条件付き確率という．

一般に，条件付き確率は以下の式で計算できる．

> **考え方 2.1（条件付き確率）**　$P(A) > 0$ とする．事象 A の条件での事象 B の条件付き確率 $P(B|A)$ は，次式で計算できる．
>
> $$P(B|A) = \frac{P(A \cap B)}{P(A)}$$

事象 A の条件での事象 B の条件付き確率は，$P(A \cap B)$ の $P(A)$ に対する比である．事象「A かつ B」とは，事象 A が起こり，かつ事象 A が起こったという条件で事象 B が起こることであるから，$P(A \cap B)$ は $P(A)$ に $P(B|A)$ をかければ求められ，$P(A \cap B) = P(A)P(B|A)$ である．$P(A) > 0$ であれば，この両辺を $P(A)$ で割れば，上記の式が出てくる．

条件付き確率の概念を使うと，事象 B の確率は事象 A が起こる場合と起こらない場合に分けて次のように計算できる．$B = (A \cap B) \cup (A^c \cap B)$ で，$A \cap B$ と $A^c \cap B$ は排反事象なので，考え方 1.3 より $P(B) = P(A \cap B) + P(A^c \cap B)$ である．ここで

条件付き確率を使って，

$$P(B) = P(A)P(B|A) + P(A^c)P(B|A^c) \tag{2.1}$$

が得られる．この計算の具体例は 2.4 節で見る．

この計算の具体例は 2.4 節で見る．

2.3　確率の公理 *One more !*

　これまで「同様に確からしい」という概念に基づく確率の計算を紹介してきた．より一般的な状況における確率を計算するために，確率がもつ数学的性質を整理しよう．

　確率がもつ性質として，これまで考え方 1.2〜1.4, 2.1 などを紹介してきた．このように確率の計算方法を増やしていって，途中で矛盾が起きたりしないだろうか．数学は人類共通の営みなので，誰かが新しい確率の計算方法を提案したときに，その計算方法を妥当なものとして認めるかどうか判断する必要がある．

　数学においては，新しい定理や計算方法の正しさを認めてもらうために証明を行う．その証明という議論を行う出発点となるのが**公理**である．最初に認めた公理から論理的に[†1] 導かれたものが**定理**であり，その導出のことを**証明**とよぶ（図 2.3）．公理は議論の土台であるから，適当に決めてよいものではない．

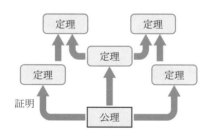

図 2.3　公理と定理

　確率の公理とは，すべての確率（とよばれるもの）[†2] に関する議論を行う出発点となるものである．しかも公理の集合は，できるだけ少なく，さまざまな命題を証明するのに使いやすく，互いに矛盾せず，すべての確率が満たすべきほとんどすべての性質をそれらの公理から証明できるようなものでなければならない．確率の公理として現在広く知られ使われているのは，1933 年出版のコルモゴロフ[†3] の著書で提出され

---

†1　**推論規則**を使って．

†2　理想としてすべての確率の共通基盤となる公理が存在すれば望ましいが，実際には哲学的立場の違いから異なる公理が提唱されたり，量子力学などでは異なる公理が使われたりする．

†3　Andrey Kolmogorov, 1903–1987.

た以下のものである.

公理 2.1 (**確率の公理**) 標本空間 Ω の各事象 A に対して次の性質を満たす実数 $P(A)$ が定まるとき,$P(A)$ を事象 A の確率という.
(a) すべての事象 A に対し,$0 \le P(A) \le 1$ が成り立つ.
(b) $P(\Omega) = 1$, $P(\emptyset) = 0$ である.
(c) 事象 $A_1, A_2, \ldots, A_n, \ldots$ がどの異なる二つも互いに排反であれば,次式が成り立つ.

$$P\left(\bigcup_{k=1}^{\infty} A_k\right) = \sum_{k=1}^{\infty} P(A_k)$$

ここで $\emptyset$ は空集合に対応する事象で,**空事象**とよばれ,決して起こらない事象を表す.たとえば事象 A, B が同時に起こらないなら,$A \cap B = \emptyset$ である.

数学の中の世界では,この確率の公理を満たすものを確率として定義する.その数学の世界での確率を,現実の世界でどう解釈するかについて,第 1 章の Column で紹介したようなさまざまな説がある,というのが標準的な立場である.

確率がもつ性質は面積がもつ性質によく似ている.そこで,事象を適切に図で表現することは,確率を計算する際に役に立つだろう.

(c) で $k \ge 3$ に対して $A_k = \emptyset$ となる場合を考えれば,「$A \cap B = \emptyset$ ならば $P(A \cup B) = P(A) + P(B)$」という和の法則が導ける.

考え方 1.4 および考え方 2.1 で使った重要概念である独立性と条件付き確率について,今一度,数式を使って定義しておこう.

定義 2.1 事象 A と事象 B が**独立**であるとは,次式が成り立つことをいう.

$$P(A \cap B) = P(A)P(B)$$

定義 2.2 (**条件付き確率**) $P(A) > 0$ のとき,事象 A の条件での事象 B の条件付き確率 $P(B|A)$ を,次式で定義する.

$$P(B|A) = \frac{P(A \cap B)}{P(A)}$$

▶ **注意 2.1** 確率という概念がもつ性質は,確率の公理 (公理 2.1) によって数学的に厳密に

取り扱えるようになる. 一方で, 独立性や条件付き確率の概念は, 定義として扱われる. **定義**とは, 言葉が指し示す事柄を明確にすることである. 私たちが独立や条件付き確率と聞いて通常思い浮かべるものが, 定義 2.1 および定義 2.2 として, 数学の世界の中で適切に表現されているのである. 公理や定義は数理モデルの中での話なので, 独立性の仮定などが現実として妥当かどうかは, そのつど別途検証する必要がある.

公理 2.1 のもとでは, 連続的に変化する量に対する確率も考えることができる. 座標平面上の領域 $\Omega = [0,1] \times [0,1] = \{(x,y) \mid 0 \le x \le 1, \, 0 \le y \le 1\}$ の中に, 無作為に一つ点を打つとする.「無作為」の正確な意味については 3.4 節 (一様分布) を参照せよ. この場合, 標本空間が Ω であり, Ω の部分集合 A に対し, 無作為に打った点が領域 A に含まれる確率 $P(A)$ を A の面積として定義すると, 公理 2.1 の性質が満たされる.

図 2.4 は, 計算機の疑似乱数を使って 1000 個の点を Ω の中でランダムに打ち, $D = \{(x,y) \mid x^2 + y^2 < 1\}$ に含まれる点については青で印したものである. D に含まれた点は 804 個であった. さらに 100000 個で試したところ, 78490 個が D に含まれた. 点が D に含まれた割合 $\dfrac{78490}{100000}$ は, 面積 $\dfrac{\pi}{4} \approx 0.785398\cdots$ の近似になっている.

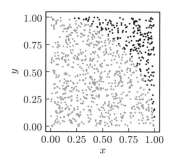

図 2.4 $[0,1] \times [0,1]$ 上にランダムに打った点

2.4 モンティ・ホール問題の解答例

モンティ・ホール問題 (ミッション 2.1) を条件付き確率の公式 (考え方 2.1 または定義 2.2) に基づいて計算してみよう.

三つの扉が A, B, C で, 回答者が選ぶ扉を X, 司会者が選ぶ扉を Y, 賞品のある扉を Z とする. X がある値をとるという事象と, Z がある値をとるという事象は, 独立であると仮定してよい. X が A であるという事象を $\{X = A\}$ で表す. X が A で

ある確率は $P(\{X = A\})$ と表されるが，単純に $P(X = A)$ とも書く．今，$P(X = A) = P(X = B) = P(X = C) = \frac{1}{3}$, $P(Z = A) = P(Z = B) = P(Z = C) = \frac{1}{3}$ を仮定する．

回答者が A を選び，司会者が C を選んだという条件で，賞品のある扉が B である確率

$$P(Z = B | X = A, Y = C) = \frac{P(X = A, Y = C, Z = B)}{P(X = A, Y = C)}$$

を求めよう．ここでの「,」は「かつ」の意味で使っている．

まず $P(X = A, Y = C)$ を求めよう．司会者が C を選ぶかどうかは賞品のある扉 Z に依存するので，

$$P(X = A, Y = C) = P(Z = A, X = A, Y = C) + P(Z = B, X = A, Y = C)$$
$$+ P(Z = C, X = A, Y = C)$$

と分けて考えよう．$Z = A, X = A$ のときは，司会者は B, C の中から無作為に選ぶので，$Y = C$ となる確率は $\frac{1}{2}$ である．$Z = B, X = A$ のときは，司会者は C を選ばざるを得ないので，$Y = C$ となる確率は 1 である．$Z = C, X = A$ のときは，司会者が C を選ぶことはないので，$Y = C$ となる確率は 0 である．つまり，

$$P(Y = C | Z = A, X = A) = \frac{1}{2},$$
$$P(Y = C | Z = B, X = A) = 1,$$
$$P(Y = C | Z = C, X = A) = 0$$

である．よって，

$$P(Z = A, X = A, Y = C) = P(Z = A, X = A) \cdot P(Y = C | Z = A, X = A)$$
$$= P(Z = A) \cdot P(X = A) \cdot P(Y = C | Z = A, X = A)$$
$$= \frac{1}{3} \cdot \frac{1}{3} \cdot \frac{1}{2}$$

である．二つ目の等号は，X, Z は独立であることを使った．$P(Z = B, X = A, Y = C)$ および $P(Z = C, X = A, Y = C)$ も同様に計算して，

$$P(X = A, Y = C) = \frac{1}{3} \cdot \frac{1}{3} \cdot \frac{1}{2} + \frac{1}{3} \cdot \frac{1}{3} \cdot 1 + \frac{1}{3} \cdot \frac{1}{3} \cdot 0 = \frac{1}{6}$$

であり，

$$P(Z = B | X = A, Y = C) = \frac{P(X = A, Y = C, Z = B)}{P(X = A, Y = C)} = \frac{\frac{1}{9}}{\frac{1}{6}} = \frac{2}{3}$$

となる.

Column 「同様に確からしい」ではだめなのか

考え方 1.1 では「同様に確からしい」という概念に基づく確率の定義を与えた. 起こりうる場合の数が無限の場合には,「同様に確からしい」の概念はあいまいで困ることがある. その最たる例が, ベルトランのパラドックスである.

> 正三角形が円に内接している. その円に弦を 1 本無作為に引く. その弦がその正三角形の辺よりも長くなる確率を求めよ.

この問いは「無作為」という言葉の解釈により解答が変わる (図 2.5).

(1) 無作為な端点. 弦は円と共有する 2 点によって決まる. 1 点 A を固定し, 正三角形の頂点の一つが A に一致していると思ってもよい. もう 1 点 B は円周から無作為に選ぶ. 弦 AB が正三角形の中を通過すれば, 弦はその正三角形の辺よりも長くなる. その確率は $\frac{1}{3}$ である.

(2) 直径上の無作為な点. 円の直径 L を固定し, その直径上の点 P を無作為に選んで, P を通って L に垂直な弦を引く. L が対称軸となるような正三角形を考えると, その重心が円の中心になることから, 弦が正三角形の辺よりも長くなる確率は $\frac{1}{2}$ である.

(3) 無作為な中点. 円の内部の点を無作為に選び, それが中点となるように弦を引く. 半径がもとの円の半径の半分となるような同心円の内部にその点があれば, 弦は正三角形の辺よりも長い. よって, 求める確率は $\frac{1}{4}$ である.

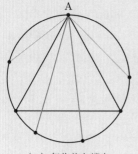
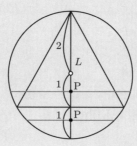
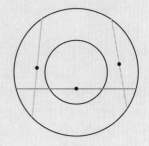

（1）無作為な端点　　　　（2）直径上の無作為な点　　　　（3）無作為な中点

図 2.5 ベルトランのパラドックス

　この問題は，「無作為」や「同様に確からしい」という言葉がいかなる意味なのかを明確にする必要があることを教えてくれる．

章末問題

演習問題

2.1 （くじ引きの順番問題）　3人の学生がグループのリーダーをくじ引きで決めることにした．3本のくじのうち1本だけに印がついており，それを引いた人がリーダーとなる．3人が順番に1本ずつくじを引くとき，その順番によってリーダーとなる確率は変わるだろうか．

2.2 （迷惑メール判定）　受け取るメールの10%が迷惑メールであったとしよう．迷惑メールには"ff0000"（HTMLメールで色を赤文字にするのに使われる）という文字が含まれる確率が1%で，迷惑メールでないメールに"ff0000"という文字が含まれる確率が0.01%であったとしよう．今受け取ったメールに"ff0000"という文字が含まれていたとする．このメールが迷惑メールである確率を求めよ．

発展問題

2.3 （偽陽性の問題）　ある病原菌の検査試薬は，病原菌がいるのに誤って陰性と判断する確率が0.1%，病原菌がいないのに誤って陽性とする確率が1%である．全体の0.01%にこの病原菌が感染している集団から一つの個体を取り出す．その個体についてこの検査が陽性であったときに，実際に病原菌に感染している確率を求めよ．

2.4 （男女の問題）　2人の子供がいる家庭がある．子供の性別はわからない．

　(1) 2人の子供のうち少なくとも1人は男の子であることがわかったとしよう．この家庭に女の子がいる確率はいくらか．

　(2) 2人の子供がいるこの家を訪ねたら1人の男の子が顔を出した．もう1人の子供が女の子である確率はいくらか．

第3章
確率変数

　前章では事象の確率が主題であった．本章では確率変数が主題である．確率変数とは確率的に値が決まる量を表す変数であり，本書では離散的確率変数と連続的確率変数の2種類を考える．確率変数が従う確率的な法則を表現する方法として，離散的確率変数に対しては確率質量関数を，連続的確率変数に対しては累積分布関数および密度関数を，それぞれ学ぶ．

3.1　待ち時間の問題

┌─ ミッション 3.1 ··· 待ち時間の確率 ─────────────

　あるゲームではログイン状態の間，ランダムにあるアイテムが贈られる．ログインした状態で1時間以内にアイテムを受け取れる確率は $\dfrac{1}{2}$ であるといわれている．アイテムを（少なくとも一つ）受け取れる確率を $\dfrac{9}{10}$ 以上にするためには，どれだけの時間が必要だろうか．

図 3.1　ゲーム画面

└──────────────────────────────

　何かイベントが起こるのを待つというのはよくあることだろう．たとえば，バスや電車を待ったり，病気の回復を待ったり，客としてレジの順番が来るのを待ったりする．本章では，待ち時間のような確率的に決まる量を確率変数によって表現する．
　ミッション 3.1 での大きな問題は以下の二つである．

(1) アイテムを受け取るまでの時間 X がとりうる範囲は正の実数で，確率的に決まる．X の決まり方（X が従う法則）をどのように表現するか．

(2) X がランダムに決まるとはどういう意味か．

(1) の問いに対して，確率質量関数や密度関数という道具を紹介する．(2) の問いに対して，指数分布という分布を紹介する．

問題に対する解答は一つではない．(1) の問いに対して別の手法を使ってもよいし，(2) の問いに対して別の解釈もありうる．しかしここで紹介する道具や分布は，幾人もの先人たちの努力の末に発見され洗練され，その有用性が幾度となく確認されてきたものである．もちろん筆者がこれらの道具や分布を思いついたわけではない．まずはその先人の手法を学んでみよう．

はじめに，待ち時間の問題（ミッション 3.1）に対し，離散的な近似を行い解を求めてみよう．

以下では，「アイテムが贈られる」ことを単に「当たる」と表現する．「ランダムに当たる」というのを，次のように解釈してみよう．時間を長さ 1 秒の区間に分けるとき，各区間に当たる確率はつねに一定の値 p で，当たるかどうかは区間ごとに独立に定まり，一つの区間内で 2 回以上当たることはない．p は $0 < p < 1$ を満たす実数で有理数である必要はない．1 時間（＝3600 秒）以内に当たる確率が $\frac{1}{2}$ であることから，p を求めることができる．その p に対して，当たる確率が $\frac{9}{10}$ 以上となる時間を求めて，待ち時間の問題の近似的な解答としよう．

1 秒目で初めて当たる確率は p である．2 秒目で初めて当たる事象は，1 秒目で外れて 2 秒目で当たるという事象である．1 秒目で外れる確率が $1-p$ で，2 秒目で当たる確率が p である．1 秒目と 2 秒目で当たるかどうかは独立だから，2 秒目で初めて当たる確率は，$(1-p)p$ である．同様に考えて，$k \geq 1$ を満たす自然数の定数 k に対して，k 秒目で初めて当たる確率は，$(1-p)^{k-1}p$ である．

1 時間以内に当たるという事象は，1 秒目で初めて当たる，2 秒目で初めて当たる，…，3600 秒目で初めて当たる，という事象の和である．これらはすべて排反であるから，1 時間以内に当たる確率は，これらの確率の和で

$$\sum_{k=1}^{3600}(1-p)^{k-1}p = p \cdot \frac{1-(1-p)^{3600}}{1-(1-p)} = 1-(1-p)^{3600} \tag{3.1}$$

とわかる[†]．最初の等号には等比数列の和（4.4 節参照）の公式を使った．式 (3.1) の値が $\frac{1}{2}$ となることから，$(1-p)^{3600} = \frac{1}{2}$ が成立する．よって，$p = 1 - 2^{-1/3600} \approx 0.00019252234$ となる．x 時間以内に当たる確率は

$$\sum_{k=1}^{3600x} (1-p)^{k-1}p = 1 - (1-p)^{3600x} = 1 - 2^{-x} \tag{3.2}$$

であり，これが $\frac{9}{10}$ 以上であることから，$1 - 2^{-x} \geq \frac{9}{10}$ が成り立つ．この不等式を解いて，$x \geq \frac{\log 10}{\log 2} \approx 3.32192809489$ となる．よって，3.3 時間くらい待てば，当たる確率は $\frac{9}{10}$ 以上となる．

　上記の計算において，1 時間の分割数である 3600 という数はうまく消えて，実際には使われていない．同じ計算を 1 時間を n 分割したと思って同じ計算をしても，3.3 時間くらいという答えが出てくる．これで，当初の問題にとりあえず答えることができた．

3.2　確率変数と幾何分布

　ミッション 3.1 を解くうえで，「アイテムが初めて当たるまでの時間」が重要な役割を果たした．そこで，Z 秒目で初めて当たるとしよう．Z は 1 かもしれないし，2 かもしれない．Z は $1, 2, 3, 4, \ldots$ の中から確率的に決まる変数であり，それらの確率が $P(Z=1) = p$，$P(Z=2) = (1-p)p$，$P(Z=3) = (1-p)^2 p$ である．このことをまとめて，

$$P(Z=z) = (1-p)^{z-1}p \quad (z = 1, 2, 3, \ldots) \tag{3.3}$$

などと表現する．この Z のように確率的に決まる変数を**確率変数** (random variable) という．試行の結果として現れる値 z を**実現値**とよぶ．文脈によっては**標本** (sample) とよぶこともある．確率変数 X の実現値を x で表すなど，確率変数は大文字で表し，対応する実現値を対応する小文字で表すことが多い．

　毎回，確率 p で成功する独立な試行を繰り返したとき，成功するまでの回数を Z と

[†]　余事象を使えば次のようにも求められる．1 時間以内に当たらない確率は，各秒で当たらない確率が $1-p$ で，それが 3600 回独立に起こるので，$(1-p)^{3600}$．1 時間以内に当たる確率は，その余事象の確率なので，$1 - (1-p)^{3600}$．しかし，この確率は連続の場合に積分で書けることから，上では和と積分の対応関係を重視して和の法則を使った方法で求めた．

すれば，その分布は式 (3.3)で表される．この Z が従う分布をパラメータ p の**幾何分布** (geometric distribution) とよび，$\mathrm{Geo}(p)$ と表す．また，Z がこの分布に従うことを，$Z \sim \mathrm{Geo}(p)$ と表す．たとえば，サイコロを繰り返し振って最初に 1 が出るまでの試行回数は，パラメータ $\frac{1}{6}$ の幾何分布に従う．

確率変数が（自然数のように）飛び飛びの値しかとらないときに，その確率変数は**離散的**という．離散的確率変数 Z に対して，

$$f(z) = P(Z = z) \tag{3.4}$$

として定義される関数 f を**確率質量関数**という．確率質量関数は確率変数の値の決まり方を表している．

幾何分布の確率質量関数は式 (3.3)より，

$$f(z) = (1 - p)^{z-1}p \quad (z = 1, 2, 3, \ldots) \tag{3.5}$$

で与えられる．図 3.2 はパラメータ $p = 0.1$ の幾何分布の確率質量関数を描いたものである．

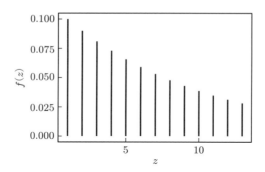

図 3.2 幾何分布の確率質量関数

離散的確率変数 Z_1, Z_2 が同じ確率質量関数をもつとき，Z_1, Z_2 は**同じ確率分布をもつ**という．二つのサイコロを投げたときの目をそれぞれ Z_1, Z_2 とすれば，Z_1, Z_2 は同じ確率質量関数

$$f(z) = \frac{1}{6} \quad (z = 1, 2, 3, 4, 5, 6)$$

をもつが，$Z_1 = Z_2$ とは限らない．実際，$P(Z_1 = Z_2) = \sum_{i=1}^{6} P(Z_1 = i$ かつ $Z_2 = i) = \frac{1}{6}$ である．

　ある現象を確率モデルで表現する場合，その現象がサイコロ投げかルーレットかなどに関わりなく，同じ（もしくは似た）確率分布で表現できるかもしれない．そこで数学としては，サイコロやルーレットのような具体的な対象は忘れて，確率変数を考察の対象とする．そのように抽象化し，一般的に考察することによって，幅広い応用が可能になる．

3.3　密度関数と指数分布

　ミッション 3.1 において，初めてアイテムが当たるまでの待ち時間を考えた．時間の単位を換えて，待ち時間を X 時間とすると，式 (3.2)より，

$$P(X \leq x) = 1 - 2^{-x}$$

が成立するといえる．1 時間を n 等分して時間を離散化するときには，X は $\dfrac{1}{n}$ の整数倍の値しかとれないが，n を大きくしていった極限を考えれば，X がとりうる値は連続的に存在していると思ってよいだろう．そこで，とりうる値が連続的に存在する確率変数 X に対しては，この $P(X \leq x)$ という関数に着目して議論することにしよう．
　一般に，適当な条件を満たす現象の待ち時間を X とすると，正のパラメータ λ を使って

$$P(X \leq x) = 1 - \exp(-\lambda x) \tag{3.6}$$

と書ける．ここで，$\exp(x) = e^x$ のことである．$2 = e^\lambda$ となる λ を考えれば，$P(X \leq x) = 1 - 2^{-x}$ となることに注意しよう．確率変数 X が式 (3.6)で表される確率分布に従うとき，X はパラメータ λ の**指数分布** (exponential distribution) に従うといい，これを $X \sim \mathrm{Exp}(\lambda)$ で表す．「ある店に次の客が来るまでの時間」や「次に電話がかかってくるまでの時間」などは，時間帯を限定すれば指数分布に従うと考えられる．
　一般に，確率変数 X に対し，

$$F(x) = P(X \leq x) \tag{3.7}$$

で定義される関数 F を，X の**累積分布関数**という．累積分布関数 $F(x)$ は X が x 以下となる確率である．繰り返しになるが，大文字で書いた X は確率変数であり，小文字で書いた x は X の実現値と比較する実数を表している．
　ミッション 3.1 の場合，

$$P(X \leq 1) = 1 - \exp(-\lambda) = \frac{1}{2}$$

であることから，$\exp(-\lambda) = \dfrac{1}{2}$ が得られ，

$$P(X \leq x) = 1 - \exp(-\lambda x) = 1 - 2^{-x} \geq \frac{9}{10}$$

を解いて，$x \geq \dfrac{\log 10}{\log 2} \approx 3.3$ 時間という答えが出てくる.

　幾何分布を図示した図 3.2 のように，指数分布を図示したい．離散的確率変数の場合には，確率質量関数 $f(z) = P(Z = z)$ を図示した．しかし，指数分布の場合には，どの実数 x についても $P(X = x) = 0$ なので（本節の最後を参照），$f(x) = P(X = x)$ のグラフは，指数分布を図示しているとはいえない．幾何分布の場合には，$Z \leq z$ を満たす確率

$$P(Z \leq z) = \sum_{t \leq z} P(Z = t)$$

が有効であったのに対応して，指数分布の場合にも，$X \leq x$ を満たす確率に注目し，

$$P(X \leq x) = \int_{-\infty}^{x} f(t)\, dt \tag{3.8}$$

となるような $f(x)$ を考えることにする．ここで広義積分（5.3 節参照）を利用していることに注意せよ.

　図 3.3 は $n = 2, 10, 100$ に対して 1 時間を n 分割したと思ったときの幾何分布について，横軸に時間をとり，縦軸にはそれぞれの長方形の面積が確率になるようにして描いたものである．すなわち，横軸が $\dfrac{k}{n}$ のところに，横の長さが $\dfrac{1}{n}$，縦の長さが $P(X = k) \cdot n$ の長方形を描いた．n が大きくなるに従って，なめらかな曲線が現れる.

　これが式 (3.8) における $f(x)$ のグラフであり，x 以下の部分の面積 $\displaystyle\int_{-\infty}^{x} f(t)\, dt$ が

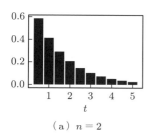 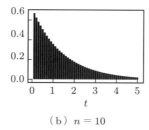 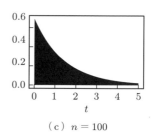

　（a）$n = 2$ 　　　　　　　（b）$n = 10$ 　　　　　　　（c）$n = 100$

図 3.3　幾何分布から指数分布へ

$X \leq x$ となる確率となる．また，

$$P(a \leq X \leq b) = \int_a^b f(x)dx$$

が成立する．よって，$\Delta x > 0$ が微小な数であるとき，確率 $P(x < X \leq x + \Delta x)$ は $f(x)\Delta x$ で近似できる．$f(x)$ は $X = x$ となる確率ではないことに注意しよう．この $f(x)$ を X の**密度関数**という．$f(x)$ が連続であれば，微分積分学の基本定理（5.3 節参照）から，

$$F'(x) = \frac{d}{dx}\int_{-\infty}^x f(t)\,dt = f(x)$$

なので，累積分布関数の導関数が f となる．逆に，密度関数が与えられたら，式 (3.8) から累積分布関数を求めることができる．

指数分布に従う X の累積分布関数は，$x < 0$ なら $F(x) = P(X \leq x) = 0$ なので，

$$F(x) = \begin{cases} 1 - \exp(-\lambda x) & (x \geq 0) \\ 0 & (x < 0) \end{cases} \tag{3.9}$$

である．X の密度関数 $f(x)$ は，$F(x)$ を微分することで，

$$f(x) = \begin{cases} \lambda \exp(-\lambda x) & (x \geq 0) \\ 0 & (x < 0) \end{cases} \tag{3.10}$$

である．密度関数は 1 通りには定まらない．式 (3.10) において，$f(0)$ の値として 0 としても λ としても（他のどんな非負の値でも）よい．どちらでも同じ累積分布関数を与える．

ある確率変数の累積分布関数が連続となるとき，その確率変数は**連続的**であるという．連続的確率変数 X のとりうる値は連続的に存在して，任意の実数 x に対して $P(X = x) = 0$ となる．

3.4　一様分布

連続的確率分布の他の例として，**一様分布** (uniform distribution) を紹介する．

筆者は大学に行くのに電車を使う．朝 8 時台の電車が最寄駅に正確に 5 分ごとに来ていて，筆者が駅に着く時刻が無作為に定まるとすれば，電車の待ち時間は 0 分から 5 分まで一様に散らばると考えてよいだろう．

待ち時間を X 分として，0 から 5 までの実数を一様にとる確率変数だと思おう．X の実現値が 0 から 5 まで一様に分布するということは，0 以下となる確率は 0 で，0 か

ら1までの間に入る確率が $\dfrac{1}{5}$ で，2から3までの間に入る確率も $\dfrac{1}{5}$ であろう．同様にして $0 \leq x \leq 5$ となる x に対して，X が0から x までの間に入る確率は $\dfrac{x}{5}$ となるだろうから，X の分布の累積分布関数 $F(x)$ は

$$F(x) = P(X \leq x) = \begin{cases} 0 & (x < 0) \\ \dfrac{x}{5} & (0 \leq x \leq 5) \\ 1 & (x > 5) \end{cases}$$

となる．よって，X の密度関数 $f(x)$ は，累積分布関数を微分することで，

$$f(x) = \begin{cases} \dfrac{1}{5} & (0 \leq x \leq 5) \\ 0 & (\text{それ以外}) \end{cases}$$

である．なお，$f(0), f(5)$ の値は非負の値であれば何でもよいが，ここでは $\dfrac{1}{5}$ としておこう．以下ではこのような注意書きを省略する．図 3.4(a) が累積分布関数，図 (b) が密度関数のグラフである．

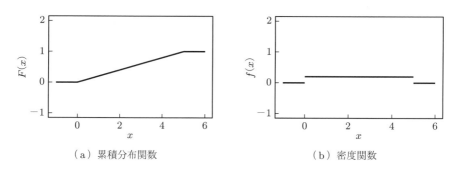

（a）累積分布関数 　　　　　　　　（b）密度関数

図 3.4 　一様分布の累積分布関数と密度関数

この一様分布を $U(0,5)$ で表す．一般に，区間 $[a,b]$ 上の一様分布を $U(a,b)$ で表す．

3.5 　極 限 　Review!

本章では，確率変数のとりうる値が無限個ある場合が頻繁に現れる．ここでは，極限についての数学的知識をまとめておこう．

数が列になったもののことを**数列**とよぶ．n 番目の数をその数列の第 n 項という．

数列の第 n 項を a_n で表すとき，その数列を $\{a_n\}_{n\in\mathbb{N}}$ と書く．たとえば，素数を小さい順に並べた列 $2,3,5,7,\ldots$ は数列であり，これを $\{b_n\}_{n\in\mathbb{N}}$ とすれば，$b_1=2, b_2=3$ となる．

　n を大きくしたときに a_n がある実数 α に限りなく近づくとき，その数列 $\{a_n\}$ の $n\to\infty$ での**極限値**が α であるとか，$\{a_n\}$ は α に**収束する**という．このことを，$\lim_{n\to\infty}a_n=\alpha$，または $a_n\to\alpha\ (n\to\infty)$ などと表現する．より正確には，任意の $\epsilon>0$ に対して，ある自然数 $N\in\mathbb{N}$ が存在して，すべての $n>N$ に対して $|a_n-\alpha|<\epsilon$ となることをいう．極限値は，このような ϵ-δ 論法により厳密に表現することができる．

　極限値 $\lim_{n\to\infty}\left(1+\dfrac{1}{n}\right)^n$ を e で表す．この e は**ネイピア数**または**自然対数の底**とよばれる重要な数で，2.7 くらいの実数である．x が連続的に実数をとって限りなく大きくなるときの極限 $\lim_{x\to\infty}\left(1+\dfrac{1}{x}\right)^x$ も e である．特に重要な事実として，$f(x)=e^x$ とすると，その微分 $f'(x)$ は e^x となることが挙げられる．なぜなら，

$$f'(x)=\lim_{h\to0}\frac{f(x+h)-f(x)}{h}=\lim_{h\to0}\frac{e^{x+h}-e^x}{h}=e^x\lim_{h\to0}\frac{e^h-1}{h}=e^x$$

となるからである．この最後の等式はこの節の最後に証明する．

　$y=e^x$ の逆関数が $y=\log x$ である．つまり $\log x$ とは，$x=e^a$ となる a の値である．$x>0$ のとき，そのような $a=\log x$ の値はただ一つ存在する．$e^{a+b}=e^a e^b$ であることから，$\log(xy)=\log x+\log y$ がわかる．$g(x)=\log x$ とおけば，$\log x$ は連続なので，

$$g'(x)=\lim_{h\to0}\frac{\log(x+h)-\log x}{h}=\lim_{h\to0}\log\left(1+\frac{h}{x}\right)^{1/h}=\log e^{1/x}=\frac{1}{x}$$

が成り立つ．この式で $x=1$ とすることで，特に $\lim_{h\to0}\dfrac{\log(1+h)}{h}=1$ であることがわかる．$h=e^t-1$ とおけば，$h\to0$ と $t\to0$ は同値で，$\lim_{t\to0}\dfrac{\log(1+e^t-1)}{e^t-1}=\lim_{t\to0}\dfrac{t}{e^t-1}$ である．これより，$\lim_{h\to0}\dfrac{e^h-1}{h}=1$ である．

3.6　累積分布関数の性質 *One more !*

　本書では，確率変数は実数の値をとるものに限って話を進める．

　ここでは，本章で出てきたいくつかの概念に正確な定義を与える．

集合 D が**可算**であるとは，自然数を添字として $D = \{x_1, x_2, \ldots\}$（有限の場合を含む）のように元を数え上げられることをいう．

定義 3.1（離散的確率変数）　確率変数 X が**離散的**であるとは，X のとりうる値の集合 D が可算であることをいう．離散的確率変数 X に対して，$f(x) = P(X = x)$ として定義される関数 f を**確率質量関数** (probability mass function) という．

離散的確率変数 X のとりうる値を $D = \{x_1, x_2, \ldots\}$ とし，$p_n = P(X = x_n)$ とすると，確率の公理（公理 2.1）から，

$$0 \le p_n \le 1, \quad \sum_{n=1}^{\infty} p_n = 1 \tag{3.11}$$

が成り立つ．D が有限集合で $D = \{x_1, x_2, \ldots, x_N\}$ の場合には，式 (3.11)を $0 \le p_n \le 1, \sum_{n=1}^{N} p_n = 1$ として解釈する．

逆に集合 $D = \{x_1, x_2, \ldots\}$ と式 (3.11)を満たす p_n が与えられたとき，各 $A \subseteq D$ に対し[†]，

$$P(A) = \sum_{x_n \in A} p_n$$

とすると，この P は公理 2.1 を満たし，$P(X = x_n) = p_n$ となる離散的確率変数が存在する．

特に，幾何分布の確率質量関数 (3.5)は，

$$\sum_{k=1}^{\infty} f(k) = \sum_{k=1}^{\infty} P(X = k) = \sum_{k=1}^{\infty} (1-p)^k p = \frac{p}{1-(1-p)} = 1$$

を満たしている（4.4 節参照）．

定義 3.2　確率変数 X に対し，

$$F(x) = P(X \le x)$$

を X の**累積分布関数** (cumulative distribution function) という．

確率変数 X に対して，

$$P(X \le x) = \int_{-\infty}^{x} f(x)\, dx$$

となる非負関数 $f(x)$ が存在すれば，その関数 $f(x)$ を X の**（確率）密度関数** (probability density function) という．

[†]　集合 A, B に対し，$A \subseteq B$ で A が B の部分集合であることを表す．

ここで，密度関数 $f(x)$ は不連続でもよいが，通常の積分が可能[†1] なものを想定することにする．

$f(x)$ がある確率変数の密度関数であれば，再び確率の公理（公理 2.1）から，

$$\int_{-\infty}^{\infty} f(x)dx = 1 \tag{3.12}$$

が成り立つ．逆に非負の積分可能な関数 $f(x)$ で，式 (3.12) を満たすものが与えられたとき，

$$P(a \leq X \leq b) = \int_{a}^{b} f(x)dx$$

となる確率変数 X が存在する．このことの証明は本書の扱う範囲を超えるので割愛する[†2]．

確率変数が**連続的**であるとは，累積分布関数が連続となることをいう．密度関数をもつ確率変数は連続的である．密度関数をもたない連続的確率変数も存在するが，本書では連続的確率変数としては密度関数をもつようなものだけを考える．

F を実数値の確率変数 X の累積分布関数とすると，F は単調非減少，右連続，$\lim_{x \to \infty} F(x) = 1$, $\lim_{x \to -\infty} F(x) = 0$ などの性質が成り立つ．本書では証明を省略する．

Column **定義は先人の道標**

本章で紹介した累積分布関数や密度関数という概念は，実に有用な概念である．問題はどんな方法でも解ければよいのだが，昔から頻繁に使われてきた便利な概念に注目すると問題が解きやすくなる．数学を学ぶ中で新しい概念を理解しそれを使えるようになることは，先人が残した道標に沿って歩むようなものである．

ニュートン曰く，

> 私がかなたを見渡せたのだとしたら，それはひとえに巨人の肩の上に乗っていたからです．

他の分野と同様に，数学は多くの先人たちの涙ぐましい努力の成果であり，それらの先哲への感謝を忘れてはなるまい．

[†1] リーマン積分可能．

[†2] ルベーグ積分を使って，$P(A) = P(X \in A) = \int_{A} f(x)dx$ で定義される P が公理 2.1 を満たす．

章末問題

演習問題

3.1（確率変数の変換）　サイコロを 1 回振ったときの目を X とする．$Y = \left| X - \dfrac{7}{2} \right|$ とおく．Y の確率質量関数 $f(y)$ を求めよ．

3.2（一様分布からの変換）　確率変数 $U \sim U(0,1)$ に対し，$X = [6U] + 1$ とする．X はどのような確率分布に従うか．ここで，$[x]$ は x を超えない最大の整数 $\max\{n \in \mathbb{N} : n \le x\}$ であり，$[-]$ はガウス記号や床関数とよばれる．

3.3（密度関数と累積分布関数の変換）　(1) 確率変数 X の密度関数が

$$f(x) = \begin{cases} x^{-2} & (x \ge 1) \\ 0 & (x < 1) \end{cases}$$

であったとする．X の累積分布関数 $F(x)$ を求めよ．

(2) 確率変数 X の累積分布関数が $F(x) = \dfrac{1}{1 + e^{-x}}$ であったとする．X の密度関数 $f(x)$ の一つを求めよ．

発展問題

3.4（指数分布の無記憶性）　確率変数 X が指数分布に従うとき，任意の $t, s \ge 0$ に対し，

$$P(X > t) = P(X > s + t | X > s) \tag{3.13}$$

が成立することを示せ．

　X を待ち時間と解釈すれば，式 (3.13) の左辺は t 時間より長く待たなければならない確率を表し，式 (3.13) の右辺は s 時間待っても起こらないという条件で，さらに t 時間より長く待たなければならない条件付き確率を表す．つまり，待ち時間の分布はそれまでどれだけ待ったかに影響されない．これを指数分布の無記憶性という．

3.5（幾何分布の無記憶性）　確率変数 X が幾何分布に従うとき，任意の正の整数 t, s について，

$$P(X = t) = P(X = s + t \mid X > s) \tag{3.14}$$

が成り立つことを示せ．

　この性質を幾何分布の無記憶性という．

第4章
期待値と分散（離散的確率変数）

本章では，離散的確率変数に対する期待値と分散について学ぶ．期待値とは，確率的に決まる試行を十分多くの回数繰り返し独立に行ったときの平均の量である．分散は，確率的に決まる量が期待値からどのくらい散らばるかを表す量である．具体例として，幾何分布の期待値と分散の求め方を習得してほしい．

4.1　公平なゲームの値段

┌─ ミッション 4.1 … 公平なゲームの値段 ─────────────

表 4.1 のような配当金の宝くじが 2 億枚販売されている．1 枚の価格はいくらであれば公平だろうか？

表 4.1

等級	配当金	当選本数
1 等	5 億円	20 枚
2 等	500 万円	2000 枚
3 等	300 円	2 千万枚

図 4.1　宝くじ

└──────────────────────────────────────

┌─ ミッション 4.2 … 宝くじの共同購入 ─────────────

ミッション 4.1 の宝くじを 10 人のグループで，合計 100 枚を共同で購入することになった．当選金は 10 人で平等に山分けする．1 人で 10 枚買った場合と比べて得になるだろうか？

└──────────────────────────────────────

まずミッション 4.1 に関して，「公平」の言葉の意味があいまいなので，「公平」に適当な定義を与えよう．この宝くじが 1 枚 0 円であれば，これを購入（？）することは，買う人に絶対的に有利なゲームである．逆に 1 枚 5 億円であれば，絶対に買わないだろう．売る人に絶対的に有利なゲームである．公平な金額は少なくとも 0 円から5 億円の間でありそうだ．

1枚の価格が x 円であるとして2億枚全部を買うと, $2 \times 10^8 \times x$ 円かかる. このときに受け取る当選金（の合計額）は,

$$5 \cdot 10^8 \times 20 + 5 \cdot 10^6 \times 2000 + 300 \times 2 \cdot 10^7 = 260 \times 10^8 \text{ 円}$$

である. よって, $x = \dfrac{260 \times 10^8}{2 \times 10^8} = 130$ 円ならば損も得もしない. 公平といえるならば, この価格であろう.

1枚や10枚のような少ない枚数を買う場合でも, この130円で公平なのだろうか. もし1等だけしかないとすれば, 2億枚買えば1等20枚すべての配当金 $5 \cdot 10^8 \times 20$ 円が得られるので, 1枚あたり

$$\frac{5 \cdot 10^8 \times 20}{2 \cdot 10^8} = 5 \cdot 10^8 \times \frac{20}{2 \cdot 10^8} = 50 \text{ 円}$$

の当選金を期待できると思おう. 当選するくじはランダムであるとすれば, 1枚宝くじを買ったときに $\dfrac{20}{2 \cdot 10^8}$ の確率で1等が当たると思うことができる. つまり, 配当金にその確率をかけた金額が, 1枚の宝くじで当選金として期待できる金額である. 1等から3等まですべて考えれば, 1枚の宝くじで当選金として期待できる金額は

$$5 \cdot 10^8 \times \frac{20}{2 \cdot 10^8} + 5 \cdot 10^6 \times \frac{2000}{2 \cdot 10^8} + 300 \times \frac{2 \cdot 10^7}{2 \cdot 10^8} = 130$$

として, やはり130円となる. この量を**期待値**とよび, 期待値が公平な金額を与えると解釈する.

図4.2は, n 枚の宝くじを買うシミュレーションを1000回行った結果を表している. 図 (a) が $n = 1$ の場合, 図 (b) が $n = 10$, 図 (c) が $n = 10^5$, 図 (d) が $n = 10^8$ の場合である. 横軸は1枚あたりの当選金額（10円刻み）で, 縦軸はその金額を得た割合（1000回を1とした割合）のヒストグラムを描いてある.

多くの宝くじを買うほど, 1枚あたりの当選金額がある値に集中するのがわかるだろう. この値は期待値の130円である. 独立試行を十分大きい回数繰り返せば, その平均値は期待値に近づく. これを**大数の法則**（定理6.5）という.

次に, ミッション4.2に関して, 図4.2の結果から想像ができるように, 何枚買っても1枚あたりの当選金額の期待値は変わらないが, たくさん買うと散らばり具合が小さくなる. この散らばり具合を表す量が**分散**である. 分散については4.3節から詳しく解説することにして, まずは期待値の解説をしよう.

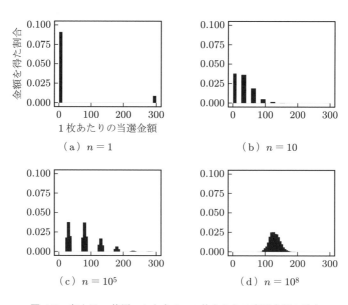

図 4.2　宝くじ n 枚買ったときの，1 枚あたりの当選金額の分布

4.2　期待値

■ 4.2.1　期待値の定義

　ミッション 4.1 で 2 億枚すべての宝くじを買えば，当選金額は 260 億円と定まる．しかし，1 枚や 10 枚という少ない枚数を買った場合には，当選金額はランダムに決まる．2 億枚という十分大きな枚数が販売されていて，少ない枚数を買った場合には，あたかも一定の確率で当選が決まるかのように見える．このようなモデル化は確率論では頻繁に行われる．今回の場合，1 枚の宝くじを無作為に選んだときの当選金額を X とすれば，X は確率変数である．

定義 4.1（離散的確率変数の期待値）　離散的な確率変数 X のとりうる値の集合が $D = \{x_1, \ldots, x_k, \ldots\}$ で，それぞれの値をとる確率が $P(X = x_k) = p_k$ $(k = 1, 2, \ldots)$ であるとする．$\sum_{k=1}^{\infty} |x_k| p_k < \infty$ が成立するとき，X の**期待値** (expected value) $E(X)$ を

$$E(X) = \sum_{k=1}^{\infty} x_k P(X = x_k) = \sum_{k=1}^{\infty} x_k p_k \tag{4.1}$$

により定義する．

$\sum_{k=1}^{\infty} |x_k| p_k = \infty$ のとき，期待値は定義されない．

D が有限集合で，$D = \{x_1, \ldots, x_N\}$，$P(X = x_k) = p_k$, $k = 1, 2, \ldots, N$ のとき，$\sum_{k=1}^{N} |x_k| p_k < \infty$ は成立し，式 (4.1)は $E(X) = \sum_{k=1}^{N} x_k p_k$ として解釈する．

とりうる値 x_k が有限個で，すべて同じ確率でとるとすれば，期待値はすべての x_k の和を個数で割ったものとなり，平均に等しい．期待値は確率で重み付けをした平均である．

例 4.1

サイコロを 1 回投げて出た目を X とすると，その期待値 $E(X)$ は，

$$E(X) = \sum_{k=1}^{6} kP(X = k) = \sum_{k=1}^{6} k \cdot \frac{1}{6} = \frac{7}{2}$$

である．

■4.2.2 期待値の性質

一つのサイコロを投げて，目が偶数だったら賞金100円，3 の倍数だったら賞金200円がもらえるゲームを考えよう．6 の目が出た場合は合計で 300 円もらえる．サイコロの目を X，賞金を Y 円とする．X, Y は確率変数である．Y の確率分布は，表 4.2 のとおりであり，Y の期待値 $E(Y)$ は，

$$E(Y) = 100 \times \frac{1}{3} + 200 \times \frac{1}{6} + 300 \times \frac{1}{6} = \frac{100 + 100 + 150}{3} = \frac{350}{3}$$

である．

表 4.2

y	0	100	200	300
$P(Y = y)$	$\frac{1}{3}$	$\frac{1}{3}$	$\frac{1}{6}$	$\frac{1}{6}$

Y の期待値 $E(Y)$ は次のようにも求められる．確率変数 Y_1, Y_2 を

$$Y_1 = \begin{cases} 100 & (X \text{ が偶数のとき}) \\ 0 & (X \text{ が奇数のとき}) \end{cases}$$

$$Y_2 = \begin{cases} 200 & (X \text{ が 3 の倍数のとき}) \\ 0 & (X \text{ が 3 の倍数でないとき}) \end{cases}$$

によって定義する．明らかに $Y = Y_1 + Y_2$ である．$E(Y_1) = 100 \times \frac{1}{2} = 50$ であり，

$$E(Y_2) = 200 \times \frac{1}{3} = \frac{200}{3}, \quad E(Y_1) + E(Y_2) = \frac{350}{3} \text{ なので,}$$

$$E(Y_1) + E(Y_2) = E(Y_1 + Y_2)$$

が成り立つ. 一般に, 二つの確率変数 Y_1, Y_2 の和の期待値 $E(Y_1 + Y_2)$ は, Y_1, Y_2 の
それぞれの期待値 $E(Y_1), E(Y_2)$ の和になる.

考え方 4.1（確率変数の和の期待値）　X, Y は離散的確率変数とする. $E(X)$,
$E(Y)$ が存在するとき, $E(X + Y)$ も存在し,

$$E(X + Y) = E(X) + E(Y)$$

が成り立つ. また, a, b を定数とすると, $E(X)$ が存在するとき, $E(aX + b)$ も存
在して,

$$E(aX + b) = aE(X) + b$$

が成り立つ.

この事実の証明は 4.6 節を参照せよ.

例 4.2

サイコロを二つ振ったときの目の和を Z として, $E(Z)$ を求めよう.

サイコロ二つの目をそれぞれ Z_1, Z_2 とすると, $Z = Z_1 + Z_2$ である. Z_1, Z_2 の期
待値は $E(Z_1) = E(Z_2) = \frac{7}{2}$ である. よって, $E(Z) = E(Z_1) + E(Z_2) = 7$ である.

二つの確率変数の積の期待値は期待値の積には必ずしもならないが, それらの確率
変数が独立の場合には成り立つ. 確率変数が X, Y が独立であるとは, X がとる値が,
Y のとる値の確率に影響を与えないことをいう.

定義 4.2　離散的確率変数 X, Y が**独立**であるとは, X の任意のとりうる値 x と,
Y の任意のとりうる値 y に対し,

$$P(X = x, Y = y) = P(X = x)P(Y = y)$$

となることをいう.

考え方 4.2（確率変数の積の期待値）　離散的確率変数 X, Y が独立のとき，

$$E(XY) = E(X)E(Y)$$

が成り立つ.

証明は 4.6 節を参照せよ.

▌**例 4.3**

サイコロを 2 回振った場合，それぞれの目を X, Y として，$E(XY)$ を求めよう.
$E(XY)$ を定義どおりに計算すれば，

$$E(XY) = \sum_{i=1}^{6} \sum_{j=1}^{6} i \times j \times \frac{1}{36} = \sum_{i=1}^{6} \frac{i}{6} \sum_{j=1}^{6} \frac{j}{6} = \frac{49}{4}$$

である. 一方，X, Y は独立で，$E(X) = E(Y) = \dfrac{7}{2}$ なので，考え方 4.2 より，

$$E(XY) = E(X)E(Y) = \frac{49}{4}$$

と求めることもできる.

4.3　分散と標準偏差

　確率変数 X の分散とは，X の実現値が期待値 $E(X)$ からどのくらい離れるかを表す量である. 確率変数 X に対して $m = E(X)$ とおく. このとき，X の m からの距離 $|X - m|$ もまた確率変数となる. そこで，この確率変数 $|X - m|$ の期待値 $E(|X - m|)$ を考えることができる. この量は，X がその期待値からどのくらい離れるかの目安となる.

　ところで，絶対値よりも 2 乗した値のほうが計算がしやすい. そこで，X の期待値 m からの距離 $|X - m|$ の 2 乗の期待値 $E((X - m)^2)$ を考えることが多く，これを X の**分散** (variance) とよび，$V(X)$ で表す. 今，m は定数であり，$(X - m)^2$ は確率変数である. 分散 $V(X)$ はこの確率変数 $(X - m)^2$ の期待値であり，定数である. この分散の平方根 $\sqrt{V(X)}$ を**標準偏差** (standard deviation) とよび，$\sigma(X)$ で表す. 元々期待値からの距離の 2 乗を考えていたので，その平方根をとれば，元の値と同じ次元をもつ. 大雑把にいって，標準偏差は実現値がどのくらい期待値から離れるかの目安

である.

定義 4.3（分散と標準偏差）　確率変数 X の分散 $V(X)$ は，$V(X) = E((X - E(X))^2)$ で定義される．標準偏差 $\sigma(X)$ は，$\sigma(X) = \sqrt{V(X)}$ で定義される.

分散のいくつかの性質を列挙しておく.

考え方 4.3（分散の性質）　X, Y を確率変数とする.

(1) $V(X) = E(X^2) - E(X)^2$

(2) 定数 a, b に対して，$V(aX + b) = a^2 V(X)$

(3) X, Y が独立ならば，$V(X + Y) = V(X) + V(Y)$

証明は 4.6 節を参照せよ.

分散は散らばり具合を表すので，$X + b$ の散らばり具合は X の散らばり具合と同じである．aX のように定数倍すると，平均からの差の 2 乗は a^2 倍されるので，散らばり具合は X の a^2 倍となる.

例 4.4

1 個のサイコロを振ったときに出る目 X の分散 $V(X)$ を求める.

X の確率分布は表 4.3 のとおりである．X の期待値は $E(X) = \dfrac{7}{2}$ である.

分散 $V(X)$ を定義に従って計算しよう．$V(X)$ は確率変数 $Y = (X - E(X))^2 = \left(X - \dfrac{7}{2}\right)^2$ の期待値である．$X = 1$ のときは $Y = \left(1 - \dfrac{7}{2}\right)^2 = \dfrac{25}{4}$ であり，このようなことが起こる確率は $\dfrac{1}{6}$ である．同様に考えて，$X = 1, 6$ のとき $Y = \dfrac{25}{4}$，$X = 2, 5$ のとき $Y = \dfrac{9}{4}$，$X = 3, 4$ のとき $Y = \dfrac{1}{4}$ で，Y の確率分布は表 4.4 のようになる．よって，

$$E(Y) = \frac{25}{4} \cdot \frac{1}{3} + \frac{9}{4} \cdot \frac{1}{3} + \frac{1}{4} \cdot \frac{1}{3} = \frac{35}{12}$$

表 4.3

x	1	2	3	4	5	6
$P(X=x)$	$\dfrac{1}{6}$	$\dfrac{1}{6}$	$\dfrac{1}{6}$	$\dfrac{1}{6}$	$\dfrac{1}{6}$	$\dfrac{1}{6}$

表 4.4

y	$\dfrac{25}{4}$	$\dfrac{9}{4}$	$\dfrac{1}{4}$
$P(Y=y)$	$\dfrac{1}{3}$	$\dfrac{1}{3}$	$\dfrac{1}{3}$

すなわち $V(X) = \dfrac{35}{12}$ である．$V(X)$ は，考え方 4.3(1) を用いても求めることができる．また，標準偏差は

$$\sigma(X) = \sqrt{V(X)} = \sqrt{\dfrac{35}{12}}$$

である．

ミッション 4.2 に戻ろう．個人で 10 枚購入する場合，10 枚それぞれの当選金額を $X_1, X_2, \ldots, X_{10}$ という確率変数で表す．X_i の期待値は，4.1 節で計算したように $E(X_i) = 130$ である．10 枚の当選金額の合計を X とすれば，$X = \sum_{i=1}^{10} X_i$ である．X の期待値は，

$$E(X) = E\left(\sum_{i=1}^{10} X_i\right) = \sum_{i=1}^{10} E(X_i) = 1300$$

である．

また，共同購入する場合，100 枚それぞれの当選金額を $Y_1, Y_2, \ldots, Y_{100}$ で表す．当選金額の合計を 10 人で分けるので，1 人が受け取る金額は，$Y = \dfrac{1}{10}\sum_{i=1}^{100} Y_i$ と書ける．Y の期待値は，

$$E(Y) = E\left(\dfrac{1}{10}\sum_{i=1}^{100} Y_i\right) = \dfrac{1}{10}\sum_{i=1}^{100} E(Y_i) = 1300$$

である．すなわち，X と Y の期待値は等しい．

次に，X, Y の分散を求めよう．X_i, Y_j はすべて同じ分布に従うので，その分散は等しい．$V(X_i) = V(Y_j) = v > 0$ とおくと，$X_1, X_2, \cdots, X_{10}$ は互いに独立であることから，

$$V(X) = V\left(\sum_{i=1}^{10} X_i\right) = \sum_{i=1}^{10} V(X_i) = 10v$$

である．また，$Y_1, Y_2, \ldots, Y_{100}$ も互いに独立であることから，

$$V(Y) = V\left(\dfrac{1}{10}\sum_{i=1}^{100} Y_i\right) = \dfrac{1}{100}\sum_{i=1}^{100} V(Y_i) = v$$

である．よって，共同購入した場合の受け取る金額 Y の分散は，個人で購入した場合の受け取る金額 X の分散より小さいことがわかる．

4.4 級 数 Review!

数列の和を**級数**という．これまで，期待値や分散の計算で，有限個の項からなる級

数を計算した．確率変数のとりうる値が無限個の場合には，無限級数の和を計算する
必要がある．このように，級数を計算するのは数学において重要な技術の一つである．
基礎事項を簡単にまとめておこう．

数列 $\{a_n\}$ に対して，その部分和 $S_n = \sum_{k=1}^{n} a_k$ を考える．次の項との差が一定で
あるような数列を**等差数列**とよぶ．漸化式では $a_{n+1} = a_n + d$ と表される．この d を
公差とよぶ．等差数列 $\{a_n\}$ において，第 1 項から第 m 項までの和 S_m は $\dfrac{a_1 + a_m}{2} m$
である†．

次の項との比が一定であるような数列を**等比数列**とよぶ．漸化式では $a_{n+1} = ra_n$ と
表される．この定数 r を**公比**とよぶ．一般項は $a_n = r^{n-1} a_1$ である．等比数列 $\{a_n\}$
において，第 1 項から第 m 項までの和 S_m は，$r = 1$ のとき $S_m = a_1 m$，$r \neq 1$ の
とき

$$S_m = a_1 \frac{1 - r^m}{1 - r}$$

である．なぜなら，

$$S_m = a_1 + ra_1 + r^2 a_1 + \cdots + r^{m-1} a_1 \tag{4.2}$$

であるが，この両辺に r をかけると，

$$rS_m = ra_1 + r^2 a_1 + \cdots + r^{m-1} a_1 + r^m a_1 \tag{4.3}$$

となる．式 (4.2) から式 (4.3) を引くと，$(1-r)S_m = a_1 - r^m a_1$ より，$S_m = a_1 \dfrac{1 - r^m}{1 - r}$
が得られる．ここで $|r| < 1$ ならば，S_m は $m \to \infty$ のとき $\dfrac{a_1}{1-r}$ に収束する．すな
わち，

$$|r| < 1 \quad \Longrightarrow \quad \sum_{n=1}^{\infty} a_1 r^{n-1} = \frac{a_1}{1-r} \tag{4.4}$$

である．

期待値や分散の計算をするときは，k を自然数，$|x| < 1$ として，

$$S = \sum_{n=1}^{\infty} n^k x^n$$

の形の無限級数和を計算する必要があることが多い．和 S は次のようにして計算でき

---

† これに関してはガウス (Carolus Fridericus Gauss, 1777–1855) の小学校のころの逸話が有名であ
る．1 から 100 までの和を求めるときに，$1 + 100$, $2 + 99$, $3 + 97$ など両端から順に足していくとす
べて 101 になるので，その和は $101 \times 50 = 5050$ と求められると即座に解答して教師を驚かせた．

る．まず，$|x| < 1$ に対しては，式 (4.4) より，

$$\frac{1}{1-x} = \sum_{n=0}^{\infty} x^n \tag{4.5}$$

が成立する．式 (4.5) の両辺を x で微分して，x をかける．右辺は無限和であるが，各項ごとに微分して加えてもよい．このような計算方法を**項別微分**という．詳しくは解析の講義で学んでほしい．すると，

$$\frac{x}{(1-x)^2} = \sum_{n=1}^{\infty} n x^n \tag{4.6}$$

が得られる．さらに式 (4.6) の両辺を x でもう一度微分して，x をかけると，

$$\frac{x+x^2}{(1-x)^3} = \sum_{n=1}^{\infty} n^2 x^n \tag{4.7}$$

が得られる．特に式 (4.6),(4.7) の右辺は $|x| < 1$ のとき収束する．同様に k 回繰り返せば，$S = \sum_{n=1}^{\infty} n^k x^n$ と求めることができる．これらの結果は 4.5 節などで用いられる．

4.5　幾何分布の期待値と分散

パラメータ p の幾何分布に従う確率変数 X の期待値を求めよう．$k = 1, 2, \ldots$ に対し，$P(X = k) = (1-p)^{k-1} p$ であるから，X の期待値は，

$$E(X) = \sum_{k=1}^{\infty} k P(X = k) = \sum_{k=1}^{\infty} k (1-p)^{k-1} p$$

と表せる．

式 (4.6) において，$x = 1 - p$ とし，n を k に置き換えると，

$$\frac{1-p}{p^2} = \sum_{k=1}^{\infty} k (1-p)^k$$

である．この両辺に $\dfrac{p}{1-p}$ をかければ，$E(X) = \dfrac{1}{p}$ がわかる．

また，式 (4.7) において，$x = 1 - p$ とし，n を k に置き換えると，

$$\frac{1-p+(1-p)^2}{p^3} = \sum_{k=1}^{\infty} k^2 (1-p)^k \tag{4.8}$$

である．$E(X^2) = \sum_{k=1}^{\infty} k^2 P(X=k) = \sum_{k=1}^{\infty} k^2 (1-p)^{k-1} p$ と比較して，式 (4.8) に $\dfrac{p}{1-p}$ をかけて，

$$E(X^2) = \frac{1-p+(1-p)^2}{p^3} \cdot \frac{p}{1-p} = \frac{2-p}{p^2}$$

であり，分散

$$V(X) = E(X^2) - (E(X))^2 = \frac{2-p}{p^2} - \frac{1}{p^2} = \frac{1-p}{p^2}$$

が得られる．

4.6　期待値と分散の性質　*One more !*

　最初に期待値の定義に関連することで，絶対収束と条件収束について述べておこう．級数 $\sum_{n=1}^{\infty} a_n$ が収束している場合にも2種類ある．$\sum_{n=1}^{\infty} |a_n|$ が収束していれば，級数 $\sum_{n=1}^{\infty} a_n$ は**絶対収束する**という．絶対収束していれば，数列の順番を並べ替えても，極限値は変わらずに存在する．また，ある級数が収束するが，絶対収束はしないとき，その級数は**条件収束する**という．条件収束する数列は，うまく並び替えることで，任意の極限値に収束させることができる．

　離散的な確率変数 X が $x_1, x_2, \ldots$ という値をとるときに，期待値を $E(X) = \sum_{n=1}^{\infty} x_n P(X=x_n)$ として定義した．しかし，$x_1, x_2, \ldots$ の順番を替えたときに，極限値が変わっては都合が悪い．確率現象において実現値につけられた番号は意味がないからである．そこで，この級数が絶対収束するときだけ期待値が存在するという．$\sum_{n=1}^{\infty} x_n P(X=x_n)$ が収束したとしても，条件収束であれば，期待値は存在しないという．

　次に，期待値や分散の性質の証明をしよう．

　定理 4.1　離散的確率変数 X のとりうる値の集合が $D = \{x_1, x_2, \ldots\}$ であるとき，D 上の関数 $h(x)$ に対し，$E(h(X))$ が存在すれば，

$$E(h(X)) = \sum_{k=1}^{\infty} h(x_k) P(X=x_k) \tag{4.9}$$

が成り立つ．D が有限集合 $\{x_1, x_2, \ldots, x_N\}$ であれば，式 (4.9) において $\sum_{k=1}^{\infty}$ を $\sum_{k=1}^{N}$ に置き換えたものが成り立つ．

h が D 上で単射, つまり任意の異なる自然数 i, j に対し, $h(x_i) \neq h(x_j)$ であれば, $Y = h(X)$ のとりうる値の集合は $\{h(x_1), h(x_2), \dots\}$ であるから,

$$E(h(X)) = E(Y) = \sum_{k=1}^{\infty} h(x_k) P(Y = h(x_k)) = \sum_{k=1}^{\infty} h(x_k) P(X = x_k)$$

であり, 式 (4.9) が成り立つ. 定理 4.1 は, h が単射でなくても一般に成立することを主張している.

証明のアイディアを理解するために, 簡単な例を見ておこう. 確率変数 X が, $P(X = -1) = P(X = 0) = P(X = 1) = \dfrac{1}{3}$ を満たし, $h(x) = x^2$ とする. このとき, $Y = h(X)$ のとりうる値は $0, 1$ で, $P(Y = 0) = \dfrac{1}{3}$, $P(Y = 1) = \dfrac{2}{3}$ である. よって, Y の期待値 $E(Y)$ は,

$$E(Y) = 0 \times \frac{1}{3} + 1 \times \frac{2}{3}$$

である. ここで, $P(Y = 1) = P(X = -1) + P(X = 1)$ であるから,

$$\begin{aligned}
E(Y) &= 0 \times \frac{1}{3} + (-1)^2 \times \frac{1}{3} + 1^2 \times \frac{1}{3} \\
&= 0 \times P(X = 0) + (-1)^2 \times P(X = -1) + 1^2 \times P(X = 1)
\end{aligned}$$

と書き直すことで, $E(Y)$ を X のとりうる値 $0, \pm 1$ により表現できる.

定理 4.1 の証明 Y のとりうる値の集合を $F = \{y_1, y_2, \dots\}$ とする. 自然数 i に対し, $y_i = h(x_k)$ となる自然数 k の集合を A_i とすれば, Y の期待値 $E(Y)$ は,

$$E(Y) = \sum_{i=1}^{\infty} y_i P(Y = y_i) = \sum_{i=1}^{\infty} \sum_{k \in A_i} h(x_k) P(X = x_k) = \sum_{k=1}^{\infty} h(x_k) P(X = x_k)$$

である. ここで, D や F が有限集合である場合も, 和をとる範囲を適当に制限することで示せる. □

定理 4.2 離散的確率変数 X, Y について,

$$E(X + Y) = E(X) + E(Y)$$

が成り立つ.

正確に述べれば, $E(X)$, $E(Y)$ が存在すれば, $E(X + Y)$ も存在して, その値が

$E(X) + E(Y)$ となる．定理 4.2 は X, Y が独立でなくても成立する．

証明　X のとりうる値を $D = \{x_1, x_2, \ldots, x_i, \ldots\}$ とし，Y のとりうる値を $F = \{y_1, y_2, \ldots, y_i, \ldots\}$ とする．定理 4.1 の証明のように，$Z = X + Y$ のとりうる値 z_k に対し，$Z = z_k$ という事象を「$X = x_i$ かつ $Y = y_j$」という事象に分割することで，

$$E(X + Y) = \sum_{i=1}^{\infty} \sum_{j=1}^{\infty} (x_i + y_j) P(X = x_i,\ Y = y_j)$$

がわかる．さらに各 i について「$X = x_i$ かつ $Y = y_j$」という事象は，j が異なると共通部分は存在しないので，$P(X = x_i) = \sum_{j=1}^{\infty} P(X = x_i,\ Y = y_j)$ である．よって，

$$
\begin{aligned}
E(X + Y) &= \sum_{i=1}^{\infty} \sum_{j=1}^{\infty} (x_i + y_j) P(X = x_i,\ Y = y_j) \\
&= \sum_{i=1}^{\infty} x_i \left(\sum_{j=1}^{\infty} P(X = x_i,\ Y = y_j) \right) + \sum_{j=1}^{\infty} y_j \left(\sum_{i=1}^{\infty} P(X = x_i,\ Y = y_j) \right) \\
&= \sum_{i=1}^{\infty} x_i P(X = x_i) + \sum_{j=1}^{\infty} y_j P(Y = y_j) \\
&= E(X) + E(Y)
\end{aligned}
$$

である．ここで，D や F が有限集合である場合も，和をとる範囲を適当に制限することで示せる．　□

定理 4.3　X を離散的確率変数，a, b を定数とすると，

$$E(aX + b) = aE(X) + b$$

が成り立つ．

証明　$a = 0$ なら証明すべき式は明らか．$a \neq 0$ とすると，X がとりうる値を $\{x_1, x_2, \ldots\}$ として，定理 4.1 より，

$$E(aX + b) = \sum_{k=1}^{\infty} (ax_k + b) P(X = x_k) = a \left(\sum_{k=1}^{\infty} x_k P(X = x_k) \right) + b = aE(X) + b$$

である．　□

定理 4.4　離散的確率変数 X, Y について，X, Y が独立ならば，

$$E(XY) = E(X)E(Y)$$

が成り立つ．

証明 再び定理 4.1 や定理 4.2 の証明と同じ方法で,

$$E(XY) = \sum_{i=1}^{\infty} \sum_{j=1}^{\infty} x_i y_i P(X = x_i, \ Y = y_j)$$

が示せる. X, Y が独立なので, 任意の i, j について

$$P(X = x_i, \ Y = y_j) = P(X = x_i) P(Y = y_j)$$

であることから,

$$
\begin{aligned}
E(XY) &= \sum_{i=1}^{\infty} \sum_{j=1}^{\infty} x_i y_i P(X = x_i) P(Y = y_j) \\
&= \sum_{i=1}^{\infty} \left(x_i P(X = x_i) \left(\sum_{j=1}^{\infty} y_i P(Y = y_j) \right) \right) = \sum_{i=1}^{\infty} x_i P(X = x_i) E(Y) \\
&= E(Y) \sum_{i=1}^{\infty} x_i P(X = x_i) = E(X) E(Y)
\end{aligned}
$$

が成り立つ. □

定理 4.5 離散的確率変数 X について,

$$V(X) = E(X^2) - E(X)^2$$

が成り立つ.

証明 $E(X) = m$ とおく. m は定数であることに注意して, 定理 4.2 および定理 4.3 より,

$$
\begin{aligned}
V(X) &= E((X - m)^2) = E(X^2 - 2mX + m^2) \\
&= E(X^2) - 2mE(X) + m^2 = E(X^2) - m^2
\end{aligned}
$$

を得る. □

定理 4.6 離散的確率変数 X と定数 a, b に対して $V(aX + b) = a^2 V(X)$ となる.

証明 定理 4.3 を用いて,

$$
\begin{aligned}
V(aX + b) &= E((aX + b - E(aX + b))^2) = E((aX + b - aE(X) - b)^2) \\
&= E(a^2(X - E(X))^2) = a^2 V(X)
\end{aligned}
$$

となる. □

定理 4.7　離散的確率変数 X, Y が独立のとき，$V(X + Y) = V(X) + V(Y)$ となる.

証明　定理 4.5 を用いて，

$$V(X + Y) = E((X + Y)^2) - (E(X + Y))^2$$

である. 定理 4.2 から，

$$E((X + Y)^2) = E(X^2 + 2XY + Y^2) = E(X^2) + 2E(XY) + E(Y^2),$$
$$(E(X + Y))^2 = (E(X) + E(Y))^2 = E(X)^2 + 2E(X)E(Y) + E(Y)^2$$

である. さらに X, Y が独立なので，定理 4.4 より，$E(XY) = E(X)E(Y)$ である. よって，

$$V(X + Y) = E(X^2) - E(X)^2 + E(Y^2) - E(Y)^2 = V(X) + V(Y)$$

が成り立つ. □

Column　確率計算と確率概念の起源

確率計算の起源は，1654 年のパスカルとフェルマーの間で交わされた手紙によるといわれる. その手紙の中で，ギャンブル好きで知られる貴族であるド・メレからの問題が議論されている.

> A と B の 2 人がゲームをしていて，先に 3 勝したほうが賭け金をすべて受け取る. A が 2 勝，B が 1 勝した時点で，止むを得ない事情によりゲームを中断することになった. A と B で賭け金をどのように分配するのが公平か.

この問題に対し，パスカルは「平等の条件なら同金額を受け取るのが公平であると考える」ことに基づく解法を提出した. フェルマーは「賭け金を受け取る側が決定したあともゲームを繰り返すという仮のゲームを考える」ことで，より単純に同じ答えが得られることを指摘した. それ以前から「確からしい」(probable) という表現は使われていたが，この問題が提出された時点では確率概念はまだ存在しない. そのため，彼らは確率という概念を使わずに議論する必要があった.

パスカルとフェルマーのやり取りを聞いたアントワーヌ・アルノーが，『ポートロワイヤル論理学』(1662) の最後で，probability という言葉を確からしさを表す量（数値）として初めて使った. これが確率概念の起源である.

確率概念を知っている私たちであれば，この問題を次のように解くだろう. 「各ゲームで A, B が勝つ確率がそれぞれ $\frac{1}{2}$ で，ゲームの毎回の結果が互いに独立である場合に受け取る金額の期待値を考え，その期待値のとおりに分配するのが公平である.」しかし，勝利確率

$\frac{1}{2}$ や独立性の仮定は，そもそも妥当なものだろうか．

　確率概念は計算を容易にする一方，多くの仮定を要求する．そのため，モデル化や解釈の妥当性をよく検証する必要がある．

章末問題

演習問題

4.1　二つのサイコロを投げてそのサイコロの目の差を X とし，賞金 $Y = X \times 100$ 円を受け取るとする．Y の期待値を求めよ．

4.2　2 個のサイコロを振ったときの目を X, Y とする．目の和 $X + Y$ と差 $X - Y$ の期待値および分散を求めよ．

4.3　(メダル集め)　100 種類のメダルが等確率で各回独立に出るゲームを考える．今，50 種類のメダルをもっているとしよう．新しい種類のメダルが出るまでに行うゲームの回数を X としたとき，$E(X), V(X)$ を求めよ．

発展問題

4.4　(コレクション問題)　1 回 100 円でメダルが 1 枚出るゲームを考える．メダルは 100 種類あり，すべて等確率で各回独立に出る．このメダルを 50 種類，80 種類，100 種類集めるまでに必要な金額の期待値をそれぞれ求めよ．

4.5　(ペテルブルグのパラドックス)　硬貨を表が出るまで投げ続け，最初に表が出るまでに投げた回数に応じて賞金がもらえるゲームを考える．もらえる賞金は，投げた回数が 1 回ならば 1 円，2 回ならば 2 円，3 回ならば 4 円，k 回ならば 2^{k-1} 円である．表が出るまでに投げた回数ともらえる賞金の期待値はそれぞれいくらか．

第5章
期待値と分散（連続的確率変数）

第4章では離散的確率変数に対する期待値や分散を学んだ．本章では連続的確率変数に対する期待値と分散について学ぶ．連続的確率変数の期待値は積分によって定義される．この定義と計算法に慣れることが本章の目標である．

5.1　故障時間

さまざまな機械の故障には，初期故障，磨耗故障，偶発故障などの種類がある．初期故障は使用開始してすぐに発生する故障のこと，摩耗故障は長期間の使用による摩耗等による故障のこと，偶発故障はある一定の確率で偶発的に起こる故障のことである．

ミッション 5.1 … 故障時間の期待値

ある機械の故障は偶発故障が多く，初期故障と摩耗故障の割合は無視できるとする．$x > 0$ に対し，使用開始から x 日以内に故障する確率が $1 - e^{-0.01x}$ で与えられるとき，この機械が故障するまでの時間の期待値はいくらか．

図 5.1　機械

つねに一定の確率で起こる現象の待ち時間が指数分布で表現されることは，第3章ですでに見た．ここでは，この機械が故障するまでの時間 T が，$\lambda = 0.01$ の指数分布に従うと仮定している．パラメータ λ の指数分布の累積分布関数を $F(x)$，密度関数を $f(x)$ とする．確率変数 T の単位は "日" であるが，実数を動く．T を離散化し，整数の値をとる確率変数 K を導入して，K 日目に故障する，すなわち K は T の整数部分とする．このとき，$k = 0, 1, 2, \ldots$ に対し，k 日目に故障する確率は，

$$P(K = k) = P(k \leq T < k+1) = F(k+1) - F(k)$$

である．よって，K の期待値は，

$$E(K) = \sum_{k=0}^{\infty} k(F(k+1) - F(k))$$

と表せる．$E(K)$ は $E(T)$ を近似していると考えられる．

そこで，1 日を n 分割すると，$k = 0, 1, 2, \ldots$ に対し，$P\left(\dfrac{k}{n} \leq T < \dfrac{k+1}{n}\right) = F\left(\dfrac{k+1}{n}\right) - F\left(\dfrac{k}{n}\right)$ なので，$E(T)$ のより精密な近似値として，

$$\sum_{k=0}^{\infty} \frac{k}{n}\left(F\left(\frac{k+1}{n}\right) - F\left(\frac{k}{n}\right)\right) \approx \sum_{k=0}^{\infty} \frac{k}{n} f\left(\frac{k}{n}\right)\frac{1}{n} \tag{5.1}$$

が得られる．ここで，$f(x) = F'(x) \approx \dfrac{F(x + 1/n) - F(x)}{1/n}$ であることを使っている．さらに，式 (5.1) の右辺において $n \to \infty$ とすると，区分求積法 (5.3 節参照) の考え方により $\displaystyle\int_0^\infty x f(x) dx$ となる．$x < 0$ のとき $f(x) = 0$ であるから，$E(T) = \displaystyle\int_{-\infty}^\infty x f(x) dx$ としてもよい．以上の考察により，$E(T) = \displaystyle\int_{-\infty}^\infty x f(x) dx$ が成立すると考えられる．

5.2 連続的確率変数の期待値と分散

前節での考察より，連続的確率変数の期待値を以下のように定義する．

定義 5.1（連続的確率変数の期待値） X を密度関数 f をもつ連続的確率変数とする．$\displaystyle\int_{-\infty}^\infty |x| f(x) dx < \infty$ のとき，X の期待値 $E(X)$ を，

$$E(X) = \int_{-\infty}^\infty x f(x) dx$$

として定義する．

密度関数 $f(x)$ のグラフを描いたときに，$y = 0$ と $y = f(x)$ で囲まれた形をした（一様な密度をもつ）物体があるとしよう．$(x, y) = (a, 0)$ の点で左右が釣り合うよう

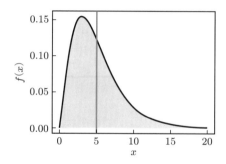

図 5.2　密度関数と期待値

に支えることができるとすれば，その a はこの物体の重心の x 座標で，これが期待値 $E(X)$ である．図 5.2 はある分布 † の密度関数を黒線で描き，その期待値を a とした ときに，$x = a\,(=5)$ を青線で描いたものである．

▶ **注意 5.1**　前章および本章では，確率変数に対する期待値・分散を定義している．一方，何 らかの具体的なデータ $x_1, x_2, \ldots, x_n$(たとえばあるクラスのテストの点数) が与えられたとき に，それらの**標本平均**は $m = \frac{1}{n} \sum_{k=1}^{n} x_k$ で定義され，**標本分散**は $v = \frac{1}{n} \sum_{k=1}^{n} (x_k - m)^2$ で定義される（第 11 章）．確率変数に対する期待値・分散と，データに対する標本平均・標 本分散を明確に区別しよう．ただし，確率変数の期待値のことを平均値ということもある．

　離散的確率変数に対する期待値の性質（考え方 4.1 および 4.2）と同様の事実が連続 的確率変数についても成り立つ．

　考え方 5.1（確率変数の和の期待値）　X, Y は密度関数をもつ確率変数とする.

(1) $E(X), E(Y)$ が存在するとき，$E(X + Y)$ も存在し，

$$E(X + Y) = E(X) + E(Y)$$

が成り立つ.

(2) a, b を定数とすると，$E(X)$ が存在するとき，$E(aX + b)$ も存在して，

$$E(aX + b) = aE(X) + b$$

が成り立つ.

---

† 自由度 5 の χ^2 分布.

　ここで，連続的確率変数 X, Y が**独立**であるとは，任意の実数 a, b, c, d,（ただし $a \leq b$, $c \leq d$）について，

$$P(a \leq X \leq b, \ c \leq Y \leq d) = P(a \leq X \leq b)P(c \leq Y \leq d)$$

が成り立つことをいう．離散的確率変数に対する独立性の定義（定義 4.2）に対応していることに注意しよう．

考え方 5.2　密度関数をもつ確率変数 X, Y が独立のとき，

$$E(XY) = E(X)E(Y)$$

が成り立つ.

　連続的確率変数の分散と標準偏差は，離散的確率変数の場合と同様に，

$$V(X) = E((X - E(X))^2), \quad \sigma(X) = \sqrt{V(X)} \tag{5.2}$$

として定義される．密度関数 f をもつ確率変数 X の分散は，$\mu = E(X)$ として，

$$V(X) = \int_{-\infty}^{\infty} (x - \mu)^2 f(x) dx \tag{5.3}$$

としても計算できる．

　離散的確率変数に対する分散の性質（考え方 4.3）と同様の事実が成り立つ．

考え方 5.3（分散の性質）　X, Y を密度関数をもつ確率変数とする.

(1) $V(X) = E(X^2) - (E(X))^2$
(2) 定数 a, b に対して，$V(aX + b) = a^2 V(X)$
(3) X, Y が独立ならば，$V(X + Y) = V(X) + V(Y)$

　本節で紹介した定理のうち，考え方 5.1(1) と考え方 5.2 の証明は本書の範囲を超えるので省略する．考え方 5.1(2)，式 (5.3)，考え方 5.3 の証明は 5.7 節を参照してほしい．

5.3　積 分　*Review!*

　連続関数 $f(x) \geq 0$ の $x = a$ から b までの定積分 $\displaystyle\int_a^b f(x)dx$ とは，直感的にいえば

$x = a$, $x = b$, $y = 0$, $y = f(x)$ で表される曲線で囲まれた部分の面積のことである.

　面積は以下のように極限として求めることができる. 区間 $[0, 1]$ 上で定義された連続関数 $f(x) \geq 0$ に対して, $x = 0$, $x = 1$, $y = 0$, $y = f(x)$ で囲まれる部分の面積を S とする. 区間 $[0, 1]$ を n 等分して, 分割したそれぞれの区間 $\left[\dfrac{k}{n}, \dfrac{k+1}{n} \right]$ $(k = 0, 1, \ldots, n-1)$ での関数の値を $f\left(\dfrac{k}{n} \right)$ で近似することで, S は

$$\sum_{k=0}^{n-1} f\left(\frac{k}{n} \right) \frac{1}{n} \tag{5.4}$$

で近似できる. $n \to \infty$ としたときの式 (5.4) の極限が S であり, 定積分 $\displaystyle\int_0^1 f(x)dx$ となる. このようにして面積を求める方法を**区分求積法**とよぶ. 詳細は省略するが, 一般に定積分 $\displaystyle\int_a^b f(x)dx$ は, 長方形の面積の和の極限として定義される (図 5.3).

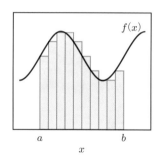

図 5.3　区分求積法

　具体的な関数 $f(x)$ の積分を計算するうえでは, 微分してその関数 $f(x)$ になる関数, すなわち $f(x)$ の**原始関数**を考えることが役に立つ. 実際, 連続関数 $f(x)$ に対して

$$F(x) = \int_a^x f(t)dt$$

とおくと, その微分 $F'(x)$ は $f(x)$ になる. すなわち,

$$\frac{d}{dx} \int_a^x f(t)dt = f(x)$$

となる. これを**微分積分学の基本定理**という. この定理から,

$$G'(x) = f(x) \quad \Longrightarrow \quad \int_a^b f(x)dx = G(b) - G(a)$$

が成り立つ.

指数分布の密度関数

$$f(x) = \begin{cases} \lambda e^{-\lambda x} & (x \geq 0) \\ 0 & (x < 0) \end{cases}$$

は $x = 0$ では連続ではないが，$x < 0$ の範囲および $x > 0$ の範囲では連続である．このような関数の積分は $x > 0$ の範囲と $x < 0$ の範囲に分けて積分する．

$\displaystyle\int_a^\infty f(x)dx$ のように積分範囲が無限大までの場合を考えることもある．

$\lim_{b\to\infty} \displaystyle\int_a^b f(x)dx$ が存在するときに，この値を $\displaystyle\int_a^\infty f(x)dx$ と書く．特に，$f(x)$ の原始関数を $F(x)$ とするとき，

$$\int_a^\infty f(x)dx = \lim_{b\to\infty} \int_a^b f(x)dx = \lim_{b\to\infty} (F(b) - F(a)) = \lim_{b\to\infty} [F(x)]_a^b$$

となる．この極限値を $[F(x)]_a^\infty$ と書くことがある．このような積分を**広義積分**という．

積分区間が $[a, b]$ のように有限であっても，$\lim_{x\to b} f(x) = \infty$ である場合もある．このようなときでも，$\displaystyle\lim_{c\to b-0} \int_a^c f(x)dx$ という極限が存在するならば，この値を $\displaystyle\int_a^b f(x)dx$ と書き，これも広義積分とよばれる．

また 5.4 節で，以下の事実を使う．定数 k に対して，

$$\lim_{x\to\infty} \frac{x^k}{e^x} = 0 \tag{5.5}$$

が成り立つ．x よりも x^2，x^2 よりも x^3 のほうが速く無限大に発散する．式 (5.5) は，e^x がそれらすべてよりも速く無限大に発散することを表す．十分大きい x に対して x が 1 大きくなったとき，x^k は 2 倍にはならないが，e^x は 2 倍以上になることからも想像できるだろう．厳密な証明にはテイラーの定理（定理 6.1）を使うとよい．

5.4　指数分布の期待値と分散

パラメータ $\lambda > 0$ の指数分布（3.3 節で定義した）に従う確率変数 X の期待値と分散を求めよう．

X の密度関数は $f(x) = \lambda e^{-\lambda x}$ $(x \geq 0)$ である．X の期待値を求めよう．

$$E(X) = \int_{-\infty}^\infty xf(x)dx = \int_0^\infty x\lambda e^{-\lambda x}dx = \lim_{b\to\infty} \int_0^b x\lambda e^{-\lambda x}dx$$

である．部分積分を用いると，

$$\int_0^b x\lambda e^{-\lambda x}dx = [x(-e^{-\lambda x})]_0^b - \int_0^b (-e^{-\lambda x})dx = -be^{-\lambda b} - \frac{1}{\lambda}e^{-\lambda b} + \frac{1}{\lambda}$$

となる．ここで，式 (5.5) より，

$$E(X) = \lim_{b\to\infty}\left(-be^{-\lambda b} - \frac{1}{\lambda}e^{-\lambda b} + \frac{1}{\lambda}\right) = \frac{1}{\lambda}$$

が得られる．

X の分散を求める．部分積分を用いると，

$$E(X^2) = \int_0^\infty x^2\lambda e^{-\lambda x}dx = [-x^2 e^{-\lambda x}]_0^\infty - \int_0^\infty (-2xe^{-\lambda x})dx$$

となるが，右辺第 1 項は，式 (5.5) より 0 となる．第 2 項は，$\frac{2}{\lambda}E(X)$ であることから $\frac{2}{\lambda^2}$ となる．よって，

$$V(X) = E(X^2) - (E(X))^2 = \frac{1}{\lambda^2}$$

となる．この結果をミッション 5.1 に用いると，$\lambda = 0.01$ として，$E(T) = \frac{1}{\lambda} = 100$ 日となる．

5.5　一様分布の期待値と分散

確率変数 X が一様分布 $U(0,1)$ に従う場合を考える．密度関数は $f(x) = 1$，$0 \le x \le 1$ なので，X の期待値は

$$E(X) = \int_0^1 x\,dx = \frac{1}{2}$$

また，X の分散は

$$V(X) = \int_0^1 x^2\,dx - E(X)^2 = \frac{1}{12}$$

である．

同様に X が一様分布 $U(a,b)$ に従う場合の X の期待値と分散を求めてみよう．密度関数は $f(x) = \frac{1}{b-a}$ $(a \le x \le b)$ なので，

$$E(X) = \int_a^b x \frac{1}{b-a} dx = \left[\frac{x^2}{2(b-a)} \right]_a^b = \frac{a+b}{2}$$

である．これは区間 $[a,b]$ におかれた（一様な密度をもつ）棒の重心の座標である．
また，

$$E(X^2) = \int_a^b x^2 \frac{1}{b-a} dx = \frac{b^3 - a^3}{3(b-a)} = \frac{b^2 + ab + b^2}{3}$$

であるから，

$$V(X) = \frac{a^2 + ab + b^2}{3} - \frac{a^2 + 2ab + b^2}{4} = \frac{(b-a)^2}{12}$$

となる．

5.6 確率変数の変換 *One more !*

ある確率変数 U に何らかの変換 h を施した確率変数 $X = h(U)$ の分布を求めたい
とする．この場合，X の累積分布関数 $F(x) = P(X \le x)$ を通して，X の密度関数を
求めるとよい．

例として，U を一様分布 $U(0,1)$ に従う確率変数とし，$X = 3U+1$ という変換を施して
定まる確率変数 X の密度関数を求めよう．まず，X の累積分布関数 $F(x) = P(X \le x)$
を求める．固定した x に対し，$X \le x$ であれば $3U + 1 \le x$ であり，逆に $3U + 1 \le x$
であれば $X \le x$ である．よって，

$$F(x) = P(X \le x) = P\left(U \le \frac{x-1}{3} \right)$$

である．

U は $[0,1]$ 上に一様分布する確率変数なので，その累積分布関数 F_U は，

$$F_U(x) = \begin{cases} 0 & (x < 0) \\ x & (0 \le x \le 1) \\ 1 & (x > 1) \end{cases}$$

である．よって，

$$P\left(U \le \frac{x-1}{3} \right) = F_U\left(\frac{x-1}{3} \right) = \begin{cases} 0 & \left(\frac{x-1}{3} < 0 \right) \\ \frac{x-1}{3} & \left(0 \le \frac{x-1}{3} \le 1 \right) \\ 1 & \left(\frac{x-1}{3} > 1 \right) \end{cases}$$

となり，

$$F(x) = \begin{cases} 0 & (x < 1) \\ \dfrac{x-1}{3} & (1 \le x \le 4) \\ 1 & (x > 4) \end{cases}$$

が得られる．したがって，X の密度関数 $f(x)$ は，

$$f(x) = \begin{cases} 0 & (x < 1) \\ \dfrac{1}{3} & (1 \le x \le 4) \\ 0 & (x > 4) \end{cases}$$

である（3.3 節参照）．これは区間 $[1, 4]$ 上の一様分布の密度関数である．$U = 0$ では $X = 1$ であり，$U = 1$ では $X = 4$ なので，予想できる結果ではないだろうか．

▍例 5.1

　密度関数 f をもつ確率変数 X に対し，X^2 の密度関数を求めよう．

　$Y = X^2$ とおき，Y の密度関数 g を求める．$y \le 0$ について $P(Y \le y) = 0$ である．$y > 0$ について

$$P(Y \le y) = P(X^2 \le y) = P(-\sqrt{y} \le X \le \sqrt{y}) = F(\sqrt{y}) - F(-\sqrt{y})$$

となる．ただし，F は X の累積分布関数である．このことから，両辺を y で微分すると，

$$g(y) = \begin{cases} f(\sqrt{y})\dfrac{1}{2\sqrt{y}} + f(-\sqrt{y})\dfrac{1}{2\sqrt{y}} & (y > 0) \\ 0 & (y \le 0) \end{cases} \tag{5.6}$$

を得る．

5.7　期待値と分散の性質 *One more !*

　本節では，連続的確率変数の期待値と分散の性質を示す．

　以下の事実は非常に有用である．確率変数 X が密度関数 f をもつとする．関数 $h : \mathbb{R} \to \mathbb{R}$ に対して，確率変数 $h(x)$ の期待値は，

$$E(h(X)) = \int_{-\infty}^{\infty} h(x)f(x)\,dx \tag{5.7}$$

と表せる. 以下の定理 5.1〜5.5 では, 関数 $h(x)$ に条件をつけて式 (5.7) を示す.

定理 5.1 密度関数 f をもつ確率変数 X に対して,

$$E(-X) = \int_{-\infty}^{\infty} (-x)f(x)dx = -E(X)$$

が成り立つ.

証明 $Y = -X$ とすると,

$$P(Y \le y) = P(-X \le y) = P(X \ge -y) = \int_{-y}^{\infty} f(x)dx$$

となる. よって, $\dfrac{d}{dy}P(Y \le y) = f(-y)$ となり, Y の密度関数は, $g(y) = f(-y)$ である. したがって,

$$E(-X) = \int_{-\infty}^{\infty} yg(y)dy = \int_{\infty}^{-\infty} (-x)f(x)(-1)dx = \int_{-\infty}^{\infty} (-x)f(x)dx = -E(X)$$

となる. □

定理 5.2 密度関数 f をもつ確率変数 X と, 狭義単調増加または狭義単調減少で連続微分可能な関数 $h : \mathbb{R} \to \mathbb{R}$ について,

$$E(h(X)) = \int_{-\infty}^{\infty} h(x)f(x)dx$$

が成り立つ.

証明 X の累積分布関数を F とする. まず, h が狭義単調増加のときを考える. $Y = h(X)$ とおき, Y の密度関数を g, 累積分布関数を G とする.

証明の方針としては, まず Y の累積分布関数 G を求めて, それを微分することで, Y の密度関数 g を求める. その後, 期待値の定義に従って, $E(Y) = E(h(X))$ を求める.

Y の累積分布関数 G は,

$$G(y) = P(Y \le y) = P(h(X) \le y) = P(X \le h^{-1}(y)) = F(h^{-1}(y))$$

である. ここで, $x = h^{-1}(y)$, つまり $y = h(x)$ とおくと, $G(y) = F(x)$ となるので, 両辺を y で微分すると,

$$g(y) = f(x)\frac{dx}{dy}$$

となる．よって，

$$E(Y) = \int yg(y)dy = \int h(x)f(x)\frac{dx}{dy}dy = \int h(x)f(x)dx$$

が成り立つ．

次に，h が狭義単調減少のとき，$\overline{h}(x) = -h(x)$ とおくと，$\overline{h}$ は狭義単調増加となる．そこで $Y = \overline{h}(X)$ とおくと，

$$E(\overline{h}(X)) = \int_{-\infty}^{\infty} \overline{h}(x)f(x)dx$$

が成り立つ．よって，定理 5.1 から定理 5.2 が得られる． $\qquad\square$

定理5.3 密度関数をもつ確率変数 X と定数 a, b について，$E(aX+b) = aE(X)+b$ となる．

これは，考え方 5.1(2) の主張である．

証明 $a = 0$ のときには，自明．

$a \neq 0$ のときには，$h(x) = ax+b$ として定理 5.2 より，

$$E(aX + b) = \int_{-\infty}^{\infty}(ax+b)f(x)dx = aE(X) + b$$

となる． $\qquad\square$

定理 5.2 における単調性の仮定を満たさないが分散の公式（定理 5.5）を示すのに必要な，2 次関数の場合を見よう．

定理5.4 密度関数 f をもつ確率変数 X について，

$$E(X^2) = \int_{-\infty}^{\infty} x^2 f(x)dx$$

が成り立つ．

証明 $Y = X^2$ とおくと，式 (5.6) より，

$$E(Y) = \int_0^{\infty} yg(y)dy = \int_0^{\infty} \frac{\sqrt{y}}{2}(f(\sqrt{y}) + f(-\sqrt{y}))dy$$

である．$y = x^2 \ (x \geq 0)$ とおいて，置換積分すれば，

$$E(Y) = \int_0^\infty \frac{x}{2}(f(x) + f(-x))2x\,dx = \int_0^\infty x^2 f(x)\,dx + \int_0^{-\infty} z^2 f(z)(-1)\,dz$$
$$= \int_{-\infty}^\infty x^2 f(x)\,dx$$

を得る. □

定理 5.5 密度関数 f をもつ確率変数 X について,

$$V(X) = \int_{-\infty}^\infty (x - \mu)^2 f(x)\,dx$$

が成り立つ. ただし, $\mu = E(X)$ である.

これは式 (5.3)である.

証明 分散の定義と定理 5.3 から,

$$V(X) = E((X - \mu)^2) = E(X^2) - 2\mu E(X) + \mu^2$$

である. さらに定理 5.4 と, $\int_{-\infty}^\infty f(x)\,dx = 1$ が成り立つことから,

$$V(X) = \int_{-\infty}^\infty x^2 f(x)\,dx - 2\mu \int_{-\infty}^\infty x f(x)\,dx + \mu^2 \int_{-\infty}^\infty f(x)\,dx$$
$$= \int_{-\infty}^\infty (x - \mu)^2 f(x)\,dx$$

となる. □

定理 5.6 X, Y を密度関数をもつ確率変数とする.

(1) $V(X) = E(X^2) - (E(X))^2$
(2) 定数 a, b に対して, $V(aX + b) = a^2 V(X)$
(3) X, Y が独立ならば, $V(X + Y) = V(X) + V(Y)$

離散的確率変数についての定理 4.5〜4.7 と同様に証明できる. ただし, 定理 5.6(3) の証明には, 本書では証明していない考え方 5.1(1) および考え方 5.2 を使う.

また, 定理 5.6(1) から, $E(X)$ の存在の仮定のもとで, $V(X)$ が存在するための必要十分条件は, $E(X^2)$ が存在することである.

Column **ランダムな実数**

　0 以上 1 以下の実数の集合から無作為に一つの実数を取り出すことを考える．このとき，実現値として自然であるようなランダムな実数を数学的に定義できるだろうか．

　科学者のフォン・ミーゼス (1919)，ウォルド (1937)，チャーチ (1940) およびヴィレ (1939) に由来する予測不可能性の考え方では，ランダムな実数を詳細は省略するが以下のように定義する．ある実数を 2 進法で表し，最初の有限桁が与えられたときに次の桁の数字が 0 か 1 かを予想する賭けゲームを考える．その 0, 1 からなる列に何らかの規則があって，何らかの意味で計算可能な賭け方でもうけを無限に大きくできるとき，その実数はランダムではないとよぶ．逆に何らかの意味で計算可能などんな賭け方でももうけが有限に収まるとき，その実数はランダムであるとよばれる．

　たとえば，どんな有理数でもその 2 進法で表すことができるので，どの有理数もランダムではない．一方，どんな賭け方であってももうけが無限に大きくなるような列はほとんどなく，計算可能な賭け方は可算個しかないので，ランダムでない列はほとんどなく，ほとんどの実数はランダムな実数である．

　ランダム性について，数学者のマーティン＝レフ (1966) は統計的仮説検定に基づく典型性の考え方による定義を与え，シュノール (1971) は典型性による定義と予測不可能性による定義が同値であることを示した．さらにレビン，シュノールら (1973) により，圧縮不可能性による特徴付けも与えられた．これらの概念は，今日ではマーティン＝レフのランダム性とよばれ，多くの自然な性質が示されている．

　特に，確率変数 X が一様分布 $U(0,1)$ に従うならば，どんな実数 $x \in (0,1)$ についても $P(X = x) = 0$ である．X の実現値として自然であるような実数と不自然であるような実数が存在するので，確率 0 の事象でも起こらないだろうと思えるものと，起こっても不思議ではないものと両方ある．つまり，「確率 0 の事象は起こらない」と単純に考えることはできないのである．

章末問題

演習問題

5.1（三角分布）　確率変数 X の密度関数 $f(x)$ が

$$f(x) = \begin{cases} 0 & (x \le -1) \\ x+1 & (-1 < x \le 0) \\ -x+1 & (0 < x \le 1) \\ 0 & (x > 1) \end{cases}$$

　で与えられるとする．X の期待値と分散を求めよ．

5.2（アーラン分布）　確率変数 $X_1, X_2, \ldots, X_n$ は独立にパラメータ λ の指数分布に従うと

する. $S_n = \sum_{k=1}^{n} X_k$ としたとき, S_n の期待値・分散を求めよ.

5.3 （差の 2 乗の期待値） X, Y は独立に一様分布 $U(0,1)$ に従うとする. $Z = (X - Y)^2$ の期待値を求めよ.

5.4 （一様分布から指数分布への変換） 確率変数 $U \sim U(0,1)$ に対し, $X = -\frac{1}{2}\log(U)$ の密度関数を求めよ.

発展問題

5.5 　分散が存在する確率変数 X に対し, 関数 $g(z) = E((X - z)^2)$ の最小値を求めよ. また, $g(z)$ が最小値をとるときの z の値を求めよ.

5.6 （パレート分布） 一様分布 $U(0,1)$ に従う確率変数 U に対し, $X = \dfrac{1}{\sqrt{U}}$ とする. X の期待値を求めよ. また, X の分散は存在しないことを確認せよ.

5.7 （コーシー分布） xy 平面上の 2 点 A$(0,1)$, B$(b,0)$ に対し, $b > 0$ のとき $\theta = \angle$OAB, $b < 0$ のとき $\theta = -\angle$OAB, $b = 0$ のとき $\theta = 0$ とする. θ が $\left(-\dfrac{\pi}{2}, \dfrac{\pi}{2}\right)$ で一様に分布するとき, b の密度関数を求めよ. また, b の期待値は存在しないことを確認せよ.

第6章

第6章
二項分布の近似

本章では二項分布の近似として，正規分布およびポアソン分布を学ぶ．これらの分布は，二項分布の近似以外にもさまざまな状況で現れる重要な分布である．

6.1　発芽率

┌─ ミッション6.1 ⋯ 発芽率 ────────────────

　園芸店である花の種を買うと，袋には発芽率70%と書いてあった．この種100個を環境を十分に整えて蒔いた．表示どおり発芽率が70%であったとすると，70個以上芽が出る確率はどれくらいか？　60個以上ではどうだろうか？

図6.1　発芽

└──────────────────────────────────

　発芽するかどうかは，種の保存環境や，蒔いた場所の状態に依存するだろう．しかし，ここでは単純化のために，すべての種が独立に確率70%で芽を出すと仮定しよう．

　この問題は二項係数（1.6節）を使って考えることができる．しかし，実際に行ってみると，計算がとても大変になる．本章の主題は，簡単な計算で近似する方法を紹介することである．

6.1.1　二項分布の定義

まずは種を3個蒔いた場合を考えてみよう．このときに，3個の芽が出る確率は，

$$\left(\frac{7}{10}\right)^3 \approx 0.343$$

である．次に 2 個の芽が出る確率を求めよう．3 個の種を区別して，(出る, 出る, 出ない), (出る, 出ない, 出る), (出ない, 出る, 出る) の 3 パターンが考えられるが，どれも同じ確率で $\left(\frac{7}{10}\right)^2 \left(\frac{3}{10}\right)$ である．よって，2 個の芽が出る確率は，

$$\binom{3}{2} \times \left(\frac{7}{10}\right)^2 \left(\frac{3}{10}\right) \approx 0.441$$

である．この $\binom{3}{2}$ は，3 個の種の中で発芽する 2 個を選ぶ方法の数である．

　種の数が多い場合も同様に考えることができる．k を 0 以上 100 以下の整数とする．100 個の種を蒔いて，k 個の芽が出る確率は，

$$\binom{100}{k}\left(\frac{7}{10}\right)^k \left(\frac{3}{10}\right)^{100-k}$$

であるとわかる．よって，70 個以上発芽する確率は，

$$\sum_{k=70}^{100} \binom{100}{k}\left(\frac{7}{10}\right)^k \left(\frac{3}{10}\right)^{100-k}$$

である．この値は計算機を使って計算すると $0.5491236\cdots$ となる．また，60 個以上発芽する確率は，$0.9875016\cdots$ となる．

　以上の考え方を一般化しよう．成功確率 p の独立試行を，n 回行ったときに成功する回数を X とする．X は確率変数であり，実現値は $0, 1, 2, \ldots, n$ のどれかである．$X = k$ となるということは，k 回成功し，$n - k$ 回失敗するということだから，

$$P(X = k) = \binom{n}{k}p^k(1-p)^{n-k} \quad (k = 0, 1, 2, \ldots, n) \tag{6.1}$$

となる．式 (6.1) で与えられる確率分布を $\mathrm{Bi}(n, p)$ と表し，**二項分布** (binomial distribution) という．硬貨を投げて何回表が出たか，ゲームで何回勝利したか，などさまざまな確率変数が二項分布に従う．

　図 6.2 は，$n = 100, p = 0.7$ の二項分布 $\mathrm{Bi}(100, 0.7)$ の確率分布を図示したものである．

　式 (6.1) を $k = 0, 1, 2, \ldots, n$ について足し合わせると，二項定理（1.6 節）より，

$$\sum_{k=0}^{n} \binom{n}{k}p^k(1-p)^{n-k} = \{p + (1-p)\}^n = 1 \tag{6.2}$$

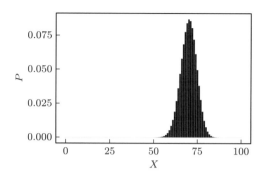

図 6.2　二項分布

が成り立つ．これは確率の公理（公理 2.1）において，$\Omega = \{0, 1, 2, \ldots, n\}$ としたとき，$P(\Omega) = 1$ が成り立つことを保証する．

■6.1.2　二項分布の期待値と分散

二項分布 $\mathrm{Bi}(n, p)$ の期待値と分散を求める．この情報は二項分布を近似するのに使われる．ここでは三つの方法を紹介する．

1. 定義に従って計算する方法

確率変数 X が $\mathrm{Bi}(n, p)$ に従うとき，期待値 $E(X)$ はその定義から

$$E(X) = \sum_{k=0}^{n} k \binom{n}{k} p^k (1-p)^{n-k} = \sum_{k=1}^{n} k \binom{n}{k} p^k (1-p)^{n-k}$$

と書ける．$k = 1, 2, \ldots, n$ に対し，

$$k \binom{n}{k} = k \cdot \frac{n!}{k!(n-k)!} = n \cdot \frac{(n-1)!}{(k-1)!(n-k)!} = n \binom{n-1}{k-1}$$

であるから，式 (6.2) より，

$$\begin{aligned}
E(X) &= np \sum_{k=1}^{n} \binom{n-1}{k-1} p^{k-1} (1-p)^{(n-1)-(k-1)} \\
&= np \sum_{k=0}^{n-1} \binom{n-1}{k} p^k (1-p)^{(n-1)-k} = np
\end{aligned}$$

となる．

分散 $V(X)$ を求めるために，$E(X^2)$ を計算する．

$$E(X^2) = \sum_{k=0}^{n} k^2 \binom{n}{k} p^k (1-p)^{n-k}$$

$$= \sum_{k=2}^{n} k(k-1) \binom{n}{k} p^k (1-p)^{n-k} + \sum_{k=0}^{n} k \binom{n}{k} p^k (1-p)^{n-k}$$

ここで右辺第 2 項は $E(X)$ である．第 1 項において

$$k(k-1)\binom{n}{k} = n(n-1)\frac{(n-2)!}{(k-2)!(n-k)!} = n(n-1)\binom{n-2}{k-2}$$

であるから，期待値の計算と同様に式 (6.2) を用いて，

$$E(X^2) = n(n-1)p^2 + np$$

となる．よって，

$$V(X) = E(X^2) - (E(X))^2 = n(n-1)p^2 + np - n^2p^2 = np - np^2 = np(1-p)$$

である．

2. 独立性を利用する方法

次に，独立性を利用する方法を紹介しよう．成功確率 p の独立試行を n 回繰り返すとき，i 回目の試行が成功したら $X_i = 1$，失敗したら $X_i = 0$ とする．このとき，

$$X = X_1 + X_2 + \cdots + X_n$$

とおくと，X は n 回の試行のうち成功した回数を表し，二項分布 $\mathrm{Bi}(n, p)$ に従う．

さて，$i = 1, 2, \ldots, n$ に対し，

$$E(X_i) = 1 \cdot p + 0 \cdot (1-p) = p$$

であるから，

$$E(X) = \sum_{i=1}^{n} E(X_i) = np$$

となる．また，

$$E(X_i^2) = 1 \cdot p + 0 \cdot (1-p) = p$$

であるから，

$$V(X_i) = p - p^2 = p(1-p)$$

となる．これより，X_i の独立性から，

$$V(X) = \sum_{i=1}^{n} V(X_i) = np(1-p)$$

が得られる．

3. 確率母関数を利用する方法

天下り的ではあるが，$P(X=k)$ を t^k の係数にもつ t の関数

$$G(t) = \sum_{k=0}^{n} P(X=k)t^k$$

考える．$G(t)$ の1階，2階導関数は，

$$G'(t) = \sum_{k=0}^{n} kP(X=k)t^{k-1},$$

$$G''(t) = \sum_{k=0}^{n} k(k-1)P(X=k)t^{k-2}$$

となるから，$E(X)$ と $V(X)$ は，

$$E(X) = G'(1),$$
$$V(X) = E(X(X-1)) + E(X) - E(X)^2 = G''(1) + G'(1) - G'(1)^2$$

と表せる．そこで，式 (6.1) を用いて $G(t)$ を計算すると，

$$G(t) = \sum_{k=0}^{n} \binom{n}{k} p^k (1-p)^{n-k} t^k = (pt + 1 - p)^n$$

なので，これを t に関して微分して，

$$G'(t) = np(pt + 1 - p)^{n-1}$$
$$G''(t) = n(n-1)p^2(pt + 1 - p)^{n-2}$$

となる．よって，$G'(1) = np$, $G''(1) = n(n-1)p^2$ であり，

$$E(X) = np, \quad V(X) = np(1-p)$$

が得られる．

関数 $G(t)$ は**確率母関数**とよばれ，二項分布に限らず一般に大変有用な概念である．

6.2 正規分布

6.2.1 正規分布の定義

図 6.3 は，二項分布の確率質量関数 (6.1) を図示したものである．n が大きくなるにつれて，「山頂」が右に移動し，「山の幅」が広くなる．山頂の位置は，二項分布 $\mathrm{Bi}(n, p)$ の期待値 np が目安になり，山の幅は標準偏差 $\sqrt{np(1-p)}$ が目安になる．

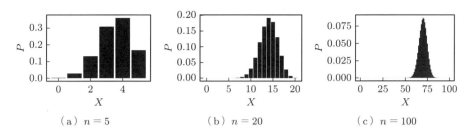

（a）$n = 5$ 　　　　（b）$n = 20$ 　　　　（c）$n = 100$

図 6.3 　$n = 5, 20, 100$, $p = 0.7$ の二項分布

そこで，$\mathrm{Bi}(n, p)$ に従う確率変数を X_n として，

$$Z_n = \frac{X_n - np}{\sqrt{np(1-p)}}$$

とおく．すると，定理 5.3 および定理 5.6(2) から，$E(Z_n) = 0$, $V(Z_n) = 1$ となる．したがって，Z_n の確率分布の「山頂」と「山の幅」は n によらない．一般に，期待値と分散をもつ確率変数 X に対して，$Z = \dfrac{X - E(X)}{\sqrt{V(X)}}$ を X の**標準化**という．標準化とは期待値が 0 で分散が 1 となるように確率変数を変換することである．

図 6.4 は Z_n の確率分布を図示したものである．n が大きくなるに従って，分布の形がある形に近づくことがわかる[†]．

n を限りなく大きくすると，Z_n の確率分布は図 6.5 のような連続分布に近づく．この極限分布を**標準正規分布** (standard normal distribution) という．標準正規分布の密度関数は，

$$\varphi(x) = \frac{1}{\sqrt{2\pi}} \exp\left(-\frac{x^2}{2}\right) \tag{6.3}$$

[†]　図 3.3 と同様に，面積が確率を表すように描いている．

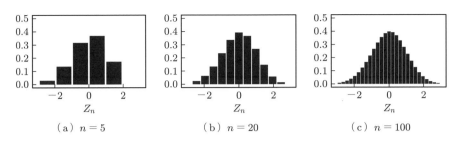

（a）$n = 5$　　　　　（b）$n = 20$　　　　　（c）$n = 100$

図 6.4　$n = 5, 20, 100,\ p = 0.7$ に対する Z_n の確率分布

であることを，6.5 節（定理 6.3）で説明する．さらにこれを一般化して，密度関数

$$f(x) = \frac{1}{\sqrt{2\pi\sigma^2}} \exp\left(-\frac{(x-\mu)^2}{2\sigma^2}\right)$$

をもつ確率分布を**正規分布**といい，記号 $\mathrm{N}(\mu, \sigma^2)$ で表す．特に標準正規分布は $\mathrm{N}(0, 1)$ と表される．$\mathrm{N}(\mu, \sigma^2)$ に従う確率変数の期待値は μ，分散は σ^2 であることを，6.2.2 項で見る．生物個体の身長や体重，測定値の分布など，非常に多くのものが正規分布に従うことが知られている．

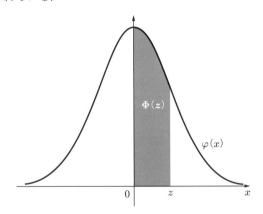

図 6.5　標準正規分布

さて，$\mathrm{Bi}(n, p)$ に従う確率変数 X_n と，その標準化 Z_n の話に戻る．また，$\mathrm{N}(0, 1)$ に従う確率変数を Z とする．

n が大きいとき，Z_n の確率分布と Z の確率分布がほぼ一致するという事実がどのように使えるかを見よう．整数 a, b（ただし $0 \leq a \leq b \leq n$）に対して，

$$P(a \leq X_n \leq b) = P\left(\frac{a - np}{\sqrt{np(1-p)}} \leq Z_n \leq \frac{b - np}{\sqrt{np(1-p)}}\right)$$

のように言い換えられる．この確率は，Z を用いて近似的に，

$$P(a \leq X_n \leq b) \approx P\left(\frac{a - np}{\sqrt{np(1-p)}} \leq Z \leq \frac{b - np}{\sqrt{np(1-p)}} \right)$$

のように表せる．なお，a, b が整数のときは 0.5 ずらして，

$$P(a \leq X_n \leq b) \approx P\left(\frac{a - np - 0.5}{\sqrt{np(1-p)}} \leq Z \leq \frac{b - np + 0.5}{\sqrt{np(1-p)}} \right) \tag{6.4}$$

とするほうが精度がよくなることが知られている．これを**半数補正**という．

　このように $\mathrm{Bi}(n, p)$ に対する確率の計算は，n が大きいとき近似的に $\mathrm{N}(0, 1)$ に対する確率の計算に帰着する．そこで，標準正規分布の累積分布関数を便宜的に少し変えた関数

$$\Phi(z) = \int_0^z \frac{1}{\sqrt{2\pi}} \exp\left(-\frac{x^2}{2} \right) \, dx$$

を考える．$z \geq 0$ の場合には図 6.5 において青い部分の面積が $\Phi(z)$ である．$z < 0$ の場合にも $\Phi(z)$ は定義されている．関数 Φ は確率論や統計学で頻繁に用いられるが，簡単な数式では表せないので，数値計算した結果を用いる．$\Phi(z)$ の数値表は**標準正規分布表**とよばれ，本書の付表 1 でも見ることができる．

　さてミッション 6.1 は，$X \sim \mathrm{Bi}\left(100, \dfrac{7}{10}\right)$ のとき，$k = 70, 60$ に対して，

$$P(X \geq k)$$

を求めるという問題である．この確率は，式 (6.4) において，$a = k$，$b = \infty$ として，

$$P(X \geq k) \approx P\left(Z \geq \frac{k - \dfrac{7}{10} \cdot 100 - 0.5}{\sqrt{100 \cdot \dfrac{7}{10} \cdot \dfrac{3}{10}}} \right)$$

となるから，

$$P(X \geq 70) \approx P(Z \geq -0.11), \quad P(X \geq 60) \approx P(Z \geq -2.29)$$

が得られる．ここで，標準正規分布表を用いると，

$$\Phi(0.11) = 0.044, \quad \Phi(2.29) = 0.489$$

である．密度関数 (6.3)が偶関数であることから，すべての $z \geq 0$ に対し，$P(Z \geq$

$-z) = P(Z \leq z)$ である．特に，$P(Z \geq 0) = P(Z \leq 0) = 0.5$ であり，
$P(Z \geq -z) = P(Z \leq z) = P(Z \leq 0) + \Phi(z) = 0.5 + \Phi(z)$ である．よって，

$$P(X \geq 70) \approx P(Z \geq -0.11) = 0.5 + \Phi(0.11) \approx 0.544,$$

$$P(X \geq 60) \approx P(Y \geq -2.29) = 0.5 + \Phi(2.29) \approx 0.989$$

となる．この結果は 6.1.1 項で二項分布を数値計算した結果にほぼ等しく，正規分布
による近似はよい近似となっていることがわかる．

　正規分布において，平均 μ からの距離が標準偏差 σ の 1 倍，2 倍，3 倍以内である
確率は，覚えておくと便利なことがある．$X \sim \mathrm{N}(\mu, \sigma^2)$ として，$|X - \mu| \leq \sigma$ となる
確率は，$2\Phi(1) = 0.68\cdots$ であり 68% くらいである．同様に，$|X - \mu| \leq 2\sigma$ となる
確率は $0.95\cdots$ で 95% くらい，$|X - \mu| \leq 3\sigma$ となる確率は $0.997\cdots$ で 99.7% くら
いである．平均からの距離はほぼ確実に 3σ 以内になることから，$[\mu - 3\sigma, \mu + 3\sigma]$ は
3シグマ区間とよばれ，測定値の例外値検出などに用いられる．また，1000 回に 3 回
の割合であることから「せんみつ」などともよぶ．

■6.2.2　正規分布の期待値と分散

　標準正規分布の密度関数 (6.3) は，$\displaystyle\int_{-\infty}^{\infty} \varphi(x)dx = 1$ を満たす．これは確率の公理
（公理 2.1）において，$\Omega = \mathbb{R}$ として，$P(\Omega) = 1$ が成立することを保証する．その証
明は本書では扱わない．

　標準正規分布の期待値と分散を求めておこう．X を標準正規分布に従う確率変数と
する．

$$\int_{-\infty}^{\infty} |x| \exp\left(-\frac{x^2}{2}\right) dx = 2\int_{0}^{\infty} x \exp\left(-\frac{x^2}{2}\right) dx = 2\left[-\exp\left(-\frac{x^2}{2}\right)\right]_{0}^{\infty} = 2 < \infty$$

より，X の期待値 $E(X)$ は存在する．その値は

$$E(X) = \int_{-\infty}^{\infty} \frac{x}{\sqrt{2\pi}} \exp\left(-\frac{x^2}{2}\right) dx = \left[-\frac{1}{\sqrt{2\pi}} \exp\left(-\frac{x^2}{2}\right)\right]_{-\infty}^{\infty} = 0$$

である．分散は，$E(X) = 0$ と式 (5.3) より，

$$V(X) = \int_{-\infty}^{\infty} \frac{x^2}{\sqrt{2\pi}} \exp\left(-\frac{x^2}{2}\right) dx$$

となる．ここで，

$$\frac{x^2}{\sqrt{2\pi}} \exp\left(-\frac{x^2}{2}\right) = \frac{x}{\sqrt{2\pi}} \left(-\exp\left(-\frac{x^2}{2}\right)\right)'$$

と見て，部分積分により，

$$V(X) = \left[\frac{x}{\sqrt{2\pi}} \left(-\exp\left(-\frac{x^2}{2} \right) \right) \right]_{-\infty}^{\infty} - \int_{-\infty}^{\infty} \frac{1}{\sqrt{2\pi}} \left(-\exp\left(-\frac{x^2}{2} \right) \right) dx = 1$$

と求められる．

次に，一般の正規分布 $\mathrm{N}(\mu, \sigma^2)$ を標準化すると，標準正規分布になることをみよう．$\mathrm{N}(0,1)$ に従う確率変数 Z から出発して，$X = \mu + \sigma Z, \sigma > 0$ とおく．このとき，X の累積分布関数 $F(x)$ は，

$$F(x) = P(X \le x) = P(\mu + \sigma Z \le x) = \int_{-\infty}^{(x-\mu)/\sigma} \frac{1}{\sqrt{2\pi}} \exp\left(-\frac{t^2}{2} \right) dt$$

となる．ここで，$t = \dfrac{s - \mu}{\sigma}$ とおいて s に変数変換すれば，

$$F(x) = \int_{-\infty}^{x} \frac{1}{\sqrt{2\pi\sigma^2}} \exp\left(-\frac{(s-\mu)^2}{2\sigma^2} \right) ds$$

となるから，X の密度関数 $f(x)$ は，

$$f(x) = \frac{1}{\sqrt{2\pi\sigma^2}} \exp\left(-\frac{(x-\mu)^2}{2\sigma^2} \right)$$

となり，これは $\mathrm{N}(\mu, \sigma^2)$ の密度関数である．すなわち，X は正規分布 $\mathrm{N}(\mu, \sigma^2)$ に従う．さらに，$E(X) = E(\mu + \sigma Z) = \mu, V(X) = V(\mu + \sigma Z) = \sigma^2 V(Z) = \sigma^2$ より，$N(\mu, \sigma^2)$ の期待値は μ，分散は σ^2 であることがわかる．このことから，$Z = \dfrac{X - \mu}{\sigma}$ は X の標準化であるといえる．

6.3　ポアソン分布

6.2 節では，二項分布 $\mathrm{Bi}(n,p)$ に対し，p を固定して n を大きくしたとき正規分布 $\mathrm{N}(np, np(1-p))$ で近似できることを見た．一方，np を固定して n を大きく p を小さくしたときには，これから紹介するポアソン分布のほうが $\mathrm{Bi}(n,p)$ のよい近似を与える．

■6.3.1　ポアソン分布の定義
$\lambda > 0$ に対し，

$$P(X = k) = \frac{\lambda^k e^{-\lambda}}{k!} \quad (k = 0, 1, 2, \ldots) \tag{6.5}$$

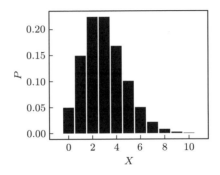

図 6.6　$\lambda = 3$ のポアソン分布

となる分布をパラメータ λ の**ポアソン分布** (Poisson distribution) とよぶ（図 6.6）.「一定期間に何回起こるか」や「一定範囲に何個あるか」などの量は，ポアソン分布に従うことが多い. たとえば，

- ある交差点を 1 時間あたりに通過する自動車の台数
- 1 日に店に来る客の人数
- 100 ページあたりの誤植の数
- 単位体積の血液に含まれる赤血球の数
- 放射性同位元素が一定時間に崩壊する回数

などがある.

確率変数 X が二項分布 $\mathrm{Bi}(n, p)$ に従うとする. X の確率分布

$$P(X = k) = \frac{n!}{k!(n-k)!}p^k(1-p)^{n-k} \tag{6.6}$$

において，$np = \lambda > 0$ を固定して，$n \to \infty$, $p \to 0$ の極限をとる. そのために式 (6.6) を変形すると，

$$P(X = k) = \frac{(np)^k}{k!}\frac{n}{n}\frac{n-1}{n}\cdots\frac{n-k+1}{n}(1-p)^{n-k}$$

となる. k を固定しているので，$n \to \infty$ のとき，$\dfrac{n}{n}, \dfrac{n-1}{n}, \ldots, \dfrac{n-k+1}{n}$ はすべて 1 に近づく. また，$\lim_{p \to 0}(1-p)^{1/p} = e^{-1}$ であるから，$\lim_{p \to 0}(1-p)^{\lambda/p-k} \to e^{-\lambda}$ となる. したがって，$P(X = k) \to \dfrac{\lambda^k e^{-\lambda}}{k!}$ となり，式 (6.5) の右辺が得られる.

■6.3.2　ポアソン分布の期待値と分散

まず，ポアソン分布の確率質量関数 (6.5) において，右辺はすべて正である. また，

$k = 0, 1, 2, \ldots$ に関する右辺の和が 1 になることを確認しよう. e^x のテイラー展開 (定理 6.1 から得られる) より,

$$e^x = \sum_{k=0}^{\infty} \frac{x^k}{k!}$$

である. この式に $x = \lambda$ を代入して, e^λ で両辺を割れば,

$$\sum_{k=0}^{\infty} \frac{\lambda^k e^{-\lambda}}{k!} = 1 \tag{6.7}$$

という式が出てくる. つまり, X がパラメータ λ のポアソン分布に従うとき, $k = 0, 1, 2, \ldots$ に関して $P(X = k)$ の総和は 1 になる. このことは確率の公理 (公理 2.1) において, $\Omega = \{0, 1, 2, \ldots\}$ とすると, $P(\Omega) = 1$ が成り立つことを保証する.

ポアソン分布の期待値・分散を求める. まず,

$$E(X) = \sum_{k=0}^{\infty} kP(X = k) = \sum_{k=0}^{\infty} k\frac{\lambda^k e^{-\lambda}}{k!}$$

である. ここで, $k = 0$ の項は 0 であり, $k \geq 1$ の項では k が約分できる. さらに $k - 1$ を k で置き換えて, 式 (6.7) を使うことで,

$$E(X) = \lambda \sum_{k=1}^{\infty} \frac{\lambda^{k-1} e^{-\lambda}}{(k-1)!} = \lambda \sum_{k=0}^{\infty} \frac{\lambda^k e^{-\lambda}}{k!} = \lambda$$

が得られる. 同様にして,

$$\begin{aligned}
E(X^2) &= \sum_{k=0}^{\infty} k^2 P(X = k) = \sum_{k=1}^{\infty} k\frac{\lambda^k e^{-\lambda}}{(k-1)!} \\
&= \sum_{k=2}^{\infty} (k-1)\frac{\lambda^k e^{-\lambda}}{(k-1)!} + \sum_{k=1}^{\infty} \frac{\lambda^k e^{-\lambda}}{(k-1)!} = \sum_{k=2}^{\infty} \frac{\lambda^k e^{-\lambda}}{(k-2)!} + \sum_{k=1}^{\infty} \frac{\lambda^k e^{-\lambda}}{(k-1)!} \\
&= \lambda^2 + \lambda
\end{aligned}$$

から,

$$V(X) = E(X^2) - (E(X))^2 = \lambda$$

である.

パラメータ λ のポアソン分布に従う X の期待値 $E(X) = \lambda$, 分散 $V(X) = \lambda$ は, 二項分布 $\mathrm{Bi}(n, p)$ に従う X_n の期待値 $E(X_n) = np$, $V(X_n) = np(1-p)$ において, $np = \lambda$ として $n \to \infty$, $p \to 0$ としたときの極限になっている.

| 6.4 | ランダウの記法とテイラーの定理 *One more !* |

ランダウの記法は，「だいたいこれくらいの（小さい）量」という近似的な評価を，数学的に正確に表現するための道具である．

$|x| < 1$ のときには，

$$\frac{1}{1-x} = 1 + x + x^2 + \cdots$$

なので，$\dfrac{1}{1-x}$ と $1+x$ の差は x^2 の高々定数倍くらいである．このことを，

$$\frac{1}{1-x} = 1 + x + O(x^2) \quad (x \to 0) \tag{6.8}$$

と表す．この O を **ランダウの記法** とよび，「ビッグオー」または単に「オー」と読む．O という記法は，x の何乗くらい（x^2 か x^3 か）を表す位数 (order) から来ている．式 (6.8) と同じ意味で，

$$\frac{1}{1-\dfrac{1}{n}} = 1 + n^{-1} + O(n^{-2}) \quad (n \to \infty)$$

とも書く．また，本書では扱わないが，ランダウの記法には $o(x), o(n)$ と書かれる「スモールオー」も存在するので，区別が必要である．

使うときにはこういう「気持ち」で使うが，数学的に精密にいうと次のようになる．式 (6.8) は，定数 $\epsilon > 0$ と $c > 0$ が存在して，$|x| < \epsilon$ の範囲では，

$$\left| \frac{1}{1-x} - (1+x) \right| \leq cx^2$$

が成り立つことを意味する．

e^x や $\log(1+x)$ などの関数をランダウの記法で近似評価するときには，以下のテイラーの定理を利用するとよい．

定理 6.1（テイラーの定理，ラグランジュの剰余項）　閉区間 $[a, x]$ 上で $k+1$ 回微分可能な関数 $f : \mathbb{R} \to \mathbb{R}$ に対し，

$$f(x) = f(a) + f'(a)(x-a) + \frac{f''(a)}{2!}(x-a)^2$$
$$+ \cdots + \frac{f^{(k)}(a)}{k!}(x-a)^k + \frac{f^{(k+1)}(c)}{(k+1)!}(x-a)^{k+1}$$

を満たす $c \in (a, x)$ が存在する．閉区間 $[x, a]$ 上の場合には，$c \in (x, a)$ となる．

対数関数 $\log(1 + x)$ に対しては，$f(x) = \log(1 + x)$ とすると，f は $x > -1$ で何回でも微分可能で，

$$f'(x) = \frac{1}{1+x}, \quad f''(x) = -\frac{1}{(1+x)^2}, \quad f'''(x) = \frac{2}{(1+x)^3}, \quad \cdots$$

となるので，定理 6.1 で $a = 0$ として，

$$\log(1 + x) = x - \frac{1}{2}x^2 + \frac{2}{3(1+c)^3}x^3$$

となる c が 0 と x の間に存在する．x が 0 に近ければ，c も 0 に近いので，これは

$$\log(1 + x) = x - \frac{1}{2}x^2 + O(x^3) \tag{6.9}$$

であることを意味する．

指数関数 e^x に対しても，同様にして，

$$e^x = 1 + x + O(x^2) \tag{6.10}$$

が得られる．

6.5　ド・モアブル–ラプラスの定理 *One more !*

6.2 節で述べたように，二項分布を標準化したものは標準正規分布で近似できる．この事実はド・モアブル–ラプラスの定理とよばれている．このことを数学的に表現すると以下のようになる．

定理 6.2（ド・モアブル–ラプラスの定理）　$\mathrm{Bi}(n, p)$ に従う確率変数 X_n の標準化を Z_n とする．このとき，固定した p と $\alpha < \beta$ なる定数 α, β に対し，

$$\lim_{n \to \infty} P(\alpha \leq Z_n \leq \beta) = \int_\alpha^\beta \varphi(x)dx$$

が成り立つ．

ここで，$\varphi(x) = \dfrac{1}{\sqrt{2\pi}} \exp\left(-\dfrac{x^2}{2}\right)$ は標準正規分布 $\mathrm{N}(0, 1)$ の密度関数である．つまり，この定理は，n が大きいときに Z_n は近似的に標準正規分布に従うことを意味している．直感的にいえば，図 6.4 の図形が，n を大きくすると，図 6.5 に近づくということである．図 6.4 における左から k 番目の長方形は，底面の長さが $\dfrac{1}{\sqrt{np(1-p)}}$

で，面積が $P(X_n = k)$ であるから，高さは $\sqrt{np(1-p)}P(X_n = k)$ である．このことから，少なくとも以下の局所的定理が成立するはずである．ド・モアブル–ラプラスの定理も，本質的に同じ考え方で証明ができる．

定理 6.3（局所的ド・モアブル–ラプラスの定理） $\mathrm{Bi}(n, p)$ に従う確率変数を X_n とし，z を定数とする．

$$\frac{k - np}{\sqrt{np(1-p)}} \to z$$

となるように，自然数 n, k を限りなく大きくすると，

$$\sqrt{np(1-p)}P(X_n = k) \to \varphi(z)$$

が成り立つ．

$P(X = k) = \dfrac{n!}{k!(n-k)!}p^k q^{n-k}$ であり，これを評価すればよい．階乗の近似として，次のスターリングの公式が知られている．

定理 6.4（スターリングの公式）

$$n! \simeq \sqrt{2\pi n}\left(\frac{n}{e}\right)^n$$

ここで，$\simeq$ は，左辺と右辺の比が $n \to \infty$ のときに 1 に収束することを意味する．

局所的ド・モアブル–ラプラスの定理の証明 $q = 1 - p$ とおく．スターリングの公式（定理 6.4）より，

$$
\begin{aligned}
P(X_n = k) &= \frac{n!}{k!(n-k)!}p^k q^{n-k} \\
&\simeq \frac{\sqrt{2\pi n}}{\sqrt{2\pi k}\sqrt{2\pi(n-k)}} \cdot \frac{n^n}{e^n} \cdot \frac{e^k}{k^k} \cdot \frac{e^{n-k}}{(n-k)^{n-k}} \cdot p^k q^{n-k} \\
&= \frac{1}{\sqrt{n \cdot \dfrac{k}{n} \cdot \dfrac{n-k}{n}}} \cdot \frac{1}{\sqrt{2\pi}} \cdot \frac{1}{\left(\dfrac{k}{np}\right)^k \cdot \left(\dfrac{n-k}{nq}\right)^{n-k}}
\end{aligned}
$$

となる．ここで，$t = \dfrac{k - np}{\sqrt{npq}}$ とおくと，$k = np + t\sqrt{npq}$，$n - k = nq - t\sqrt{npq}$ であり，$\dfrac{k}{np} = 1 + t\sqrt{\dfrac{q}{np}}$，$\dfrac{n-k}{nq} = 1 - t\sqrt{\dfrac{p}{nq}}$ である．今，p, q を固定し，$t \to z$ となるように n, k を限りなく大きくすると，$\dfrac{k}{n} \to p$，$\dfrac{n-k}{n} \to q$ である．

さて,

$$L = \log \frac{1}{\left(\frac{k}{np}\right)^k \cdot \left(\frac{n-k}{nq}\right)^{n-k}} = -k\log\left(1 + t\sqrt{\frac{q}{np}}\right) - (n-k)\log\left(1 - t\sqrt{\frac{p}{nq}}\right)$$

とおく. 式 (6.9)より,

$$L = -k\left(t\sqrt{\frac{q}{np}} - \frac{t^2 q}{2np} + O(n^{-3/2})\right) - (n-k)\left(-t\sqrt{\frac{p}{nq}} - \frac{t^2 p}{2nq} + O(n^{-3/2})\right)$$

そして, k を消去すると,

$$L = -t\sqrt{npq} + \frac{t^2 q}{2} - t^2 q + \frac{t^3 q^{3/2}}{2\sqrt{np}} + t\sqrt{npq} + \frac{t^2 p}{2} - t^2 p - \frac{t^3 p^{3/2}}{2\sqrt{nq}} + O(n^{-1/2})$$

$$= -\frac{t^2}{2} + O(n^{-1/2})$$

となる. よって,

$$\sqrt{npq}P(X_n = k) \simeq \frac{\sqrt{npq}}{\sqrt{n \cdot \frac{k}{n} \cdot \frac{n-k}{n}}} \frac{1}{\sqrt{2\pi}} \exp\left(-\frac{t^2}{2} + O(n^{-1/2})\right) \to \varphi(z)$$

を得る. □

　ド・モアブル–ラプラスの定理を認めれば, 以下の**大数の法則**の特別な場合も示せる. 表の出る確率が $p \in (0,1)$ の硬貨を n 回投げれば, 表の出た回数の割合は, n が大きいとき高い確率で p に近いだろう. このことは, 数学的に以下のように表現され, 証明できる.

定理 6.5（大数の法則（の特別な場合））　$\{X_i\}$ は独立な確率変数の列で, ある値 $p \in (0,1)$ に対して $P(X_i = 1) = p$, $P(X_i = 0) = q = 1-p$ を満たすとする. $S_n = \sum_{i=1}^n X_i$ とすると, 任意の $\epsilon > 0$ に対して,

$$P\left(\left|\frac{S_n}{n} - p\right| > \epsilon\right) \to 0 \ (n \to \infty)$$

が成り立つ.

証明　$S_n \sim \mathrm{Bi}(n,p)$ である. 任意の $a > 0$ に対し, $a \le \frac{\epsilon\sqrt{n}}{pq}$ を満たすように n を大きくとると,

$$P\left(\left|\frac{S_n}{n} - p\right| \le \epsilon\right) = P\left(\left|\frac{S_n - np}{\sqrt{npq}}\right| \le \frac{\epsilon\sqrt{n}}{\sqrt{pq}}\right)$$

$$\ge P\left(-a \le \frac{S_n - np}{\sqrt{npq}} \le a\right) \to \int_{-a}^a \varphi(x)dx$$

となる．a を限りなく大きくすると，$\displaystyle\int_{-a}^{a} \varphi(x)dx$ はいくらでも 1 に近づく．つまり，

$\lim_{n\to\infty} P\left(\left|\dfrac{S_n}{n} - p\right| \leq \epsilon\right) = 1$ である．これより，$\lim_{n\to\infty} P\left(\left|\dfrac{S_n}{n} - p\right| > \epsilon\right) \to 0$ となる．
$\hfill\square$

　ここで，X_i の期待値は p であることに注意しよう．定理 6.5 は，X_i がとりうる値が 0 と 1 のみの特別な場合についての主張である．より一般に，期待値をもつ独立同分布に従う確率変数の列 $\{X_i\}$ に対し，$S_n = \sum_{i=1}^{n} X_i$ とおけば，n が大きいとき高い確率で $\dfrac{S_n}{n}$ と $E(X_i)$ は近い．この事実を大数の法則とよぶ．

Column　証明の読み方

　数学書には多くの証明が出てくるが，数学の証明を読むには時間がかかるし大変である．そこで，証明を解読するための手順例を共有したい．

　まずはその定理の主張を正確に理解することが大事である．成り立つ例や成り立たない例，その定理の応用のしかたなどを理解することで，その定理の重要さや不思議さを理解する．定理の価値を理解することは，証明を読む動機付けにつながる．数学書を読む場合，全体像を理解することを優先して，最初に読むときは証明を飛ばして読むのも一つの方法だろう．

　次に方針・サブゴールを把握しよう．証明のサブゴールとそれらの関係性が明確になると，個々の作業の目的が理解しやすくなる．サブゴールそのものが「その定理はなぜ正しいのか」「どうして答えを出せるのか」の説明になっていることも多い．

　そして証明の細部の技術に注目しよう．証明の個々の作業では，証明の方針を達成するために，さまざまな技術が使われる．証明の各ステップに適切な技術が使われているのを見るのは，芸術作品を見るように楽しい．

　実際に証明を読むときには，細部の理解が進むことで，証明の方針が把握できたり，定理の非自明さを理解できたりする．そのため証明は何度か繰り返し読んで，解析する必要があることが多い．

　証明の全体像が理解できて，細部の理解もできると，「この定理は正しい」と自信をもっていえるようになるだろう．この定理は「先生がいっていたから正しい」のではなく，「自分が確認したので正しい」といえるようになろう．

章末問題

6.1（サイコロの目） サイコロを 1000 回振ったとき，1 の目が出る回数が 160 回以上 170 回以下である確率を求めたい．

  (1) 計算機を使って数値計算により求めよ．

  (2) 半数補正を行い，正規分布による近似により正規分布表を使って求めよ．

6.2（病人の確率） 人口の 1% の人間がある病気に罹っているとする．

  (1) 無作為に選んだ 1 万人のうち何人くらいがこの病気に罹っているだろうか．3 シグマ区間を概算せよ．

  (2) 無作為に選んだ 50 人のうち 2 人以上がこの病気に罹っている確率を概算せよ．

6.3（ゲームの勝利確率） チーム A と B がバレーボールを行う．ラリーポイント制で 25 点先取したら 1 セットをとる．単純のためデュースは考えないことにする．各ラリーで A が点をとる確率が $\frac{4}{7}$ であるとして，A が 1 セットとる確率を概算せよ．

6.4（交通事故の件数） ある地域での自動車の交通事故の件数は，1 日あたり平均 1.15 件であったとする．1 日に 3 件以上の交通事故が起こる確率はどのくらいか．

6.5（正規分布の再生性） X, Y が独立でそれぞれ正規分布 $N(\mu_1, \sigma_1^2)$, $N(\mu_2, \sigma_2^2)$ に従うとき，$Z = X + Y$ の期待値・分散を求めよ．

6.6（ポアソン分布の再生性） X, Y が独立でそれぞれ λ, μ をパラメータとするポアソン分布に従うとき，$X + Y$ は $\lambda + \mu$ をパラメータとするポアソン分布に従うことを示せ．

6.7（多項分布） サイコロを $6n$ 回投げて，1 から 6 の目が n 回ずつ出る確率は，n が大きいとき近似的に $\frac{\sqrt{3}}{4}(\pi n)^{-5/2}$ となることを示せ．

  1 回の試行で A, B, C という結果がそれぞれ確率 p, q, r（ただし $p + q + r = 1$）で起きるとすると，n 回の試行でそれぞれの回数が a, b, c（ただし $a + b + c = n$）となる確率は，

$$\frac{n!}{a!b!c!} p^a q^b r^c \tag{6.11}$$

である．結果の種類が 3 種類より多い場合（この問題の場合は 6 種類）も同様の式が成り立つ．これを**多項分布**という．

第7章
確率漸化式

前章まではさまざまな確率や期待値を，排反な事象に分割することで計算した．本章では未知量の間の関係性に注目し，漸化式を作って確率や期待値を計算する方法を学ぶ．

7.1 ホイヘンスの問題と破産問題

┌─ ミッション 7.1 … ホイヘンス[†] 『賭けにおける計算について』より ─────

　　A と B が 2 個のサイコロでゲームをする．A がサイコロを振って目の和が 6 ならば A の勝ち．目の和が 6 でなければ，次に B がサイコロを振って目の和が 7 ならば B の勝ち．以下同様に，A と B のどちらかが勝つまで交互にサイコロを振る．A が勝つ確率を求めよ．

┌─ ミッション 7.2 … 破産問題 ─────

　　a, b を自然数とする．最初に A は $100a$ 円，B は $100b$ 円もっている．A と B はあるゲームをして，負けたほうが勝ったほうに 100 円を渡す．どちらかが破産する（所持金が 0 円になる）までゲームを繰り返し行う．1 回のゲームで A, B が勝つ確率はどちらも $\dfrac{1}{2}$ として，B が破産する確率を求めよ．

ミッション 7.1 の場合は現在がどちらの手番であるか，ミッション 7.2 の場合には現在の A, B の所持金はいくらか，という状態が時間とともに変化する．特にミッション 7.2 では，その状態の遷移のしかたが複雑になりうるため，確率を求めるには工夫が必要である．

■7.1.1 ホイヘンスの問題
ミッション 7.1 に対して 2 通りの解法を紹介しよう．

───────────
[†] Christiaan Huygens, 1629–1695.

まず，A が勝つという事象を，何回目に勝つかによって分けることにより解いてみよう．サイコロ 2 個を振って和が 6 となる確率は $\frac{5}{36}$ であり，和が 7 となる確率は $\frac{6}{36}$ である．A がサイコロを r 回目に振ったときに勝つということは，「1 から $r-1$ 回目まで，A の目の和は 6 でなく，B の目の和は 7 でなく，そして r 回目の A の目の和が 6 である」ということである．この事象を A_r とすれば，

$$P(A_r) = \left(\left(1 - \frac{5}{36}\right) \cdot \left(1 - \frac{6}{36}\right)\right)^{r-1} \cdot \frac{5}{36}$$

となる．よって，A が勝つ確率は，

$$\sum_{r=1}^{\infty} P(A_r) = \frac{5}{36} \cdot \frac{1}{1 - \frac{31}{36} \cdot \frac{5}{6}} = \frac{30}{61} \tag{7.1}$$

となる．

ミッション 7.1 は次のようにして解くこともできる．図 7.1 のように四つの状態を矢印の方向に移動すると考える．このような図を**状態遷移図**とよぶ．

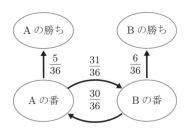

図 7.1 ミッション 7.1 の状態遷移図

「A の番」の状態から出発して最終的に A が勝つ確率を x，「B の番」の状態から出発して最終的に A が勝つ確率を y とする．「A の番」から出発すると，$\frac{5}{36}$ の確率で A の勝ちが決定するか，または $\frac{31}{36}$ の確率で「B の番」になるから，

$$x = \frac{5}{36} + \frac{31}{36}y \tag{7.2}$$

が成立する．「B の番」から出発すると，$\frac{6}{36}$ の確率で B の勝ちが決定するか，または $\frac{30}{36}$ の確率で「A の番」になるから，

$$y = \frac{30}{36}x \tag{7.3}$$

が成り立つ. 式 (7.2),(7.3) から, $x = \dfrac{30}{61}$ が得られる. これは式 (7.1) で得た値と同じ
である.

▪ 7.1.2　破産問題

破産問題（ミッション 7.2）も状態遷移図を用いると考えやすい. A, B の所持金に
よって状態を分けて, その状態から出発して B が破産する確率についての方程式を立
てて解く.

$a+b=n$ とおく. $k=0,1,2,\ldots,n$ に対して, A が $100k$ 円, B が $100(n-k)$ 円もっ
ている状態を「状態 k」とよぶ. 図 7.2 は破産問題の状態遷移図を表しており,「状態
k」が k の文字で表されている. 状態 k から出発して B が破産する確率を x_k とし, x_k
に関する関係式を作る. 最終的に求めたい x_a だけを求めようとせず, $x_0, x_1, \ldots, x_n$
をすべて求めようとすると, 問題が易しくなることがある.

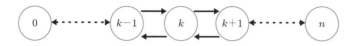

図 7.2　破産問題の状態遷移図

$k=1,2,\ldots,n-1$ に対して,「状態 k」から出発して, 最初のゲームで A が勝てば
「状態 $k+1$」に移動し, A が負ければ「状態 $k-1$」に移動する. それらの状態から
B が破産する確率は, それぞれ x_{k+1} と x_{k-1} である. よって, $k=1,2,\ldots,n-1$ に
対して,

$$x_k = \frac{1}{2}x_{k+1} + \frac{1}{2}x_{k-1} \tag{7.4}$$

が成り立つ. また, $x_0 = 0$, $x_n = 1$ である.

式 (7.4) は $x_{k+1} - x_k = x_k - x_{k-1}$ と変形でき, $\{x_k\}$ は等差数列であるとわかる.
$x_0 = 0$, $x_n = 1$ より, $x_k = \dfrac{k}{n}$ である. よって, 求める確率は $x_a = \dfrac{a}{a+b}$ である.

A と B を入れ替えて考えれば, A が破産する確率は $\dfrac{b}{a+b}$ なので, A と B のどち
らかが破産する確率は 1 である.

7.2　漸化式の解き方　*Review!*

数列の一般項および簡単な漸化式の解についてまとめておこう.

等差数列 $\{a_n\}$ は, 公差を d として一般項は $a_n = a_1 + (n-1)d$ と表せる. 等比数

列 $\{a_n\}$ は，公比を r として $a_n = r^{n-1}a_1$ と表せる.

$a_{n+1} = pa_n + q$ の形の漸化式は，特性方程式 $x = px + q$ の解を α とすれば，$a_{n+1} - \alpha = p(a_n - \alpha)$ と変形して，数列 $\{a_n - \alpha\}$ が公比 p の等比数列になる.

$a_{n+1} - a_n = f(n)$ のように階差数列が与えられている場合には，$a_n = a_1 + \sum_{k=1}^{n-1}(a_{k+1} - a_k) = a_1 + \sum_{k=1}^{n-1} f(k)$ として a_n を求めることができる.

三項間漸化式 $a_{n+2} + ba_{n+1} + ca_n = 0$ の場合は，特性方程式 $x^2 + bx + c = 0$ の解を α, β $(\alpha \neq \beta)$ とすると，

$$a_{n+2} - \alpha a_{n+1} = \beta(a_{n+1} - \alpha a_n)$$
$$a_{n+2} - \beta a_{n+1} = \alpha(a_{n+1} - \beta a_n)$$

と変形できる. $\{a_{n+1} - \alpha a_n\}$ と $\{a_{n+1} - \beta a_n\}$ がそれぞれ等比数列であることから，

$$a_{n+1} - \alpha a_n = \beta^n(a_1 - \alpha a_0)$$
$$a_{n+1} - \beta a_n = \alpha^n(a_1 - \beta a_0)$$

が成り立つ. したがって，$\alpha \neq \beta$ ならば，a_0, a_1 を使って書ける定数 A, B を使って，

$$a_n = A\alpha^n + B\beta^n$$

と表せる.

特性方程式が重解 α をもつ場合は，詳細は省略するが，$a_n = A\alpha^n + Bn\alpha^n$ と表せる.

三項間漸化式で定数項がある場合，すなわち $d \neq 0$ を定数項とする $a_{n+2} + ba_{n+1} + ca_n = d$ の形の漸化式は，特性方程式 $x^2 + bx + c = 0$ の解 α, β と何らかの定数 γ を使って，

$$a_{n+2} - \alpha a_{n+1} + \gamma = \beta(a_{n+1} - \alpha a_n + \gamma)$$

と変形できる. ただし，$\beta \neq 1$ とする.

特性方程式が重解 $x = 1$ をもつ場合には，

$$a_{n+2} - a_{n+1} = a_{n+1} - a_n + d$$

のように変形できる. このとき $\{a_{n+1} - a_n\}$ が等差数列であることから，$a_{n+1} - a_n$ を求め，これを階差数列と見て a_n を求めることができる.

7.3 破産までのゲーム回数の期待値 *One more !*

▌**例 7.1** ▬▬▬▬▬▬▬▬▬▬▬▬▬▬▬▬▬▬▬▬▬▬▬▬▬▬▬▬▬▬▬▬▬▬▬▬

　ミッション 7.2 と同じ状況で，A と B のどちらかが破産するまでのゲームの回数 T の期待値 $E(T)$ を求めよう.

　ミッション 7.2 の場合と同様に，$a + b = n$ とおく. また，$k = 0, 1, 2, \ldots, n$ に対して，A が $100k$ 円，B が $100(n-k)$ 円もっている状態を「状態 k」とよぶ.

　さらに，状態 k から出発して A と B のどちらかが破産するまでのゲームの回数を T_k とする. $E(T_k)$ に関する関係式を作ることで，$E(T_k)$ を求めよう. しかし，その前に，$E(T_k)$ が有限の値として存在することを示す必要がある. ミッション 7.2 では，B が破産する確率が有限の値として存在することは，明らかであった. $E(T_k)$ が存在することを示すために，以下の補題 7.3 で，大きな整数 i に対しては $P(T_k = i)$ が小さいことを示している.

　最初に次のことに注意しておこう.

　補題 7.1 $k = 0, 1, 2, \ldots, n$ に対し，$P(T_k < \infty) = \sum_{i=0}^{\infty} P(T_k = i) = 1$ である.

証明 破産するまでのゲームの回数 T_k がとりうる値の候補は非負の整数である（$P(T_k = i) = 0$ となる整数 i も存在するだろうが）. 7.1.2 項の最後で，A と B のどちらかが破産する確率は 1 であることを見た. すなわち，確率 1 で $T_k < \infty$ である. □

　補題 7.2 どの状態から出発しても，n 回目のゲームの後に A と B のどちらも破産していない確率は $1 - 2^{-n}$ 以下である. すなわち，$k = 0, 1, 2, \ldots, n$ に対し，

$$P(T_k > n) \leq 1 - 2^{-n}$$

が成り立つ.

▶ **注意 7.1** 補題 7.1 と 7.2 に相当する事実が成り立つようなゲームに対しては，以下の議論と同様にして，ゲーム終了までの回数の期待値の存在が示せる. すなわち，ゲーム終了までの回数が確率 1 で有限で，ある自然数 L と実数 $\epsilon > 0$ が存在して，どの状態から出発しても，ゲームが L 回以内に終了しない確率が $1 - \epsilon$ 以下であれば，ゲーム終了までの回数の期待値は存在する. 補題 7.2 の主張では，$L = n, \epsilon = 2^{-n}$ である.

証明 $k = 0, n$ の場合は，$P(T_k = 0) = 1$ なので成立する. $k = 1, 2, \ldots, n-1$ に対し，「状

態 k」から出発して，A が $n-k$ 回連勝すれば，B は破産する．このような確率は $2^{-(n-k)}$ であるから，

$$P(T_k > n) \leq P(T_k \geq n-k) \leq 1 - 2^{-(n-k)} \leq 1 - 2^{-n} \tag{7.5}$$

が成り立つ． □

補題 7.3 α を非負の整数とする．どの状態から出発しても，αn 回目のゲームのあとに A と B のどちらも破産していない確率は，$(1 - 2^{-n})^\alpha$ 以下である．すなわち，$k = 0, 1, 2, \ldots, n$ に対し，

$$P(T_k > \alpha n) \leq (1 - 2^{-n})^\alpha$$

が成り立つ．

証明 $\alpha = 0$ のときは自明に成り立つ．$\alpha = 1$ のときは補題 7.2 による．

$\alpha = 2$ の場合に成り立つことを示そう．$T_k > 2n$ ということは，

(a) 「状態 k」から出発し n 回のゲーム後に「状態 k'」であり，（ただし，k' は $1, 2, \ldots, n-1$ のどれか）

(b) 「状態 k'」からさらに n 回のゲームのあとに，A と B はともに破産していない

ということである．

(a) の事象を $E(k, n, k')$ と書く．たとえば，$n = 3$, $k = 1$ の場合，A,B の破産に関係なく 3 回ゲームを続けると考えて，それぞれのゲームで A が勝つか負けるかの $2^3 = 8$ 個の場合があり，その確率はすべて $\frac{1}{8}$ である．A,B がどちらも破産しないのは，A が 3 回のゲームで順に勝ち，負け，勝ちとなる 1 通りだけで，3 回後には「状態 2」となる．よって，$P(E(1,3,1)) = 0$, $P(E(1,3,2)) = \frac{1}{8}$ である．これをまとめると，表 7.1 のようになる．

(a) において，n 回のゲームのあと，A,B がどちらも破産していない事象を考えることで，

表 7.1 状態 1 から 3 回のゲーム後の結果

A の勝ち負け	結果	確率	A の勝ち負け	結果	確率
勝，勝，勝	2 回後に B が破産	$\frac{1}{8}$	負，勝，勝	1 回後に A が破産	$\frac{1}{8}$
勝，勝，負	2 回後に B が破産	$\frac{1}{8}$	負，勝，負	1 回後に A が破産	$\frac{1}{8}$
勝，負，勝	3 回後に状態 2	$\frac{1}{8}$	負，負，勝	1 回後に A が破産	$\frac{1}{8}$
勝，負，負	3 回後に A が破産	$\frac{1}{8}$	負，負，負	1 回後に A が破産	$\frac{1}{8}$

$$\sum_{k'=1}^{n-1} P(E(k,n,k')) = P(T_k > n)$$

が成立する．(b) の事象の確率は，状態 k' までの経路に関係なく $P(T_{k'} > n)$ に等しい．よって，式 (7.5) を使って，

$$P(T_k > 2n) = \sum_{k'=1}^{n-1} P(E(k,n,k'))P(T_{k'} > n)$$

$$\leq (1 - 2^{-n}) \sum_{k'=1}^{n-1} P(E(k,n,k'))$$

$$= (1 - 2^{-n})P(T_k > n) \leq (1 - 2^{-n})^2$$

が成り立つ．

$\alpha = 2$ の場合の方法を繰り返すことで，$\alpha \geq 3$ の場合も示される．　　□

補題 7.4　$E(T_k)$ は存在する．すなわち，

$$E(T_k) = \sum_{i=0}^{\infty} iP(T_k = i) < \infty \tag{7.6}$$

が成り立つ．

証明　α を非負の整数とする．$\alpha n < i \leq (\alpha + 1)n$ を満たす i について，

$$\sum_{i=\alpha n+1}^{(\alpha+1)n} iP(T_k = i) \leq \sum_{i=\alpha n+1}^{(\alpha+1)n} (\alpha+1)nP(T_k = i) \leq (\alpha+1)nP(T_k > \alpha n)$$

が成り立つ．ここで，補題 7.3 より，

$$\sum_{i=\alpha n+1}^{(\alpha+1)n} iP(T_k = i) \leq (\alpha+1)n(1 - 2^{-n})^{\alpha} \tag{7.7}$$

が成り立ち，この式 (7.7) を $\alpha = 0, 1, 2, \ldots$ について足し合わせると，

$$\sum_{i=0}^{\infty} iP(T_k = i) = \sum_{\alpha=0}^{\infty} \sum_{i=\alpha n+1}^{(\alpha+1)n} iP(T_k = i) \leq \sum_{\alpha=0}^{\infty} (\alpha+1)n(1 - 2^{-n})^{\alpha} < \infty$$

となる．最後の収束は式 (4.6) が $|x| < 1$ のとき収束することによる．　　□

次に，$E(T_k)$ に関する関係式を作る．$k = 1, 2, \ldots, n-1$ と正の整数 i に対し，$T_k = i$ であるのは，最初に A が勝って，状態 $k+1$ から出発して $i-1$ 回目に A か B が破産

する，または最初に B が勝って，状態 $k-1$ の状態から出発して $i-1$ 回目に A か B が破産するという場合である．よって，

$$P(T_k = i) = \frac{1}{2}P(T_{k+1} = i-1) + \frac{1}{2}P(T_{k-1} = i-1) \tag{7.8}$$

が成り立つ．式 (7.8)に i をかけて，$i = 1, 2, \ldots$ について足し合わせると，

$$
\begin{aligned}
E(T_k) &= \sum_{i=1}^{\infty} iP(T_k = i) \\
&= \frac{1}{2}\sum_{i=1}^{\infty} iP(T_{k+1} = i-1) + \frac{1}{2}\sum_{i=1}^{\infty} iP(T_{k-1} = i-1) \\
&= \frac{1}{2}\sum_{j=0}^{\infty} (j+1)P(T_{k+1} = j) + \frac{1}{2}\sum_{j=0}^{\infty} (j+1)P(T_{k-1} = j) \\
&= \frac{1}{2}\left(\sum_{j=0}^{\infty} jP(T_{k+1} = j) + 1\right) + \frac{1}{2}\left(\sum_{j=0}^{\infty} jP(T_{k-1} = j) + 1\right) \\
&= \frac{1}{2}(E(T_{k+1}) + 1) + \frac{1}{2}(E(T_{k-1}) + 1) \tag{7.9}
\end{aligned}
$$

を得る．すなわち $E(T_k)$ は，最初に A が勝つ場合の期待値 $E(T_{k+1} + 1)$ と，最初に B が勝つ場合の期待値 $E(T_{k-1} + 1)$ を，最初に A, B が勝つ確率による重み付けして足し合わせたものに等しい．

$y_k = E(T_k)$ とおく．$P(T_0 = 0) = P(T_n = 0) = 1$ より，$y_0 = y_n = 0$ である．式 (7.9)より

$$y_k = \frac{1}{2}(y_{k+1} + 1) + \frac{1}{2}(y_{k-1} + 1)$$

である．この式は

$$y_{k+1} - y_k = y_k - y_{k-1} - 2$$

と変形できる．$\{y_{k+1} - y_k\}$ が公差 -2 の等差数列であることから，

$$y_{k+1} - y_k = y_1 - y_0 - 2k = y_1 - 2k$$

であり，さらに，

$$y_k = y_0 + \sum_{i=0}^{k-1}(y_{i+1} - y_i) = \sum_{i=0}^{k-1}(y_1 - 2i) = ky_1 - 2 \cdot \frac{k(k-1)}{2} = k(y_1 - k + 1)$$

が得られる．$y_n = 0$ より，$y_1 = n-1$ なので，$y_k = k(n-k)$ を得る．特に，$a = k$，

$b = n - k$ とすれば,

$$E(T_a) = ab$$

を得る.

Column　偶然ということ

　台風の進路予想は100年後の日蝕を予言するよりはるかに難しいし，庭木の最後の一葉がいつ落ちるかは誰にもわからないだろう．しかし，森羅万象は自然科学の基本法則に従っていて，未来は確定しているとされる．これを自然法則の因果律という．偶然と必然の産物のように見える現実世界で，厳格な因果律が成立しているとは，なかなか納得が行かないだろう．

　ポアンカレは『科学と方法』の中で，「偶然」について次のように述べている[†]．

> 吾々の眼にとまらないほどのごく小さい原因が、吾々の認めざるを得ないような重大な結果をひきおこすことがあると、かゝるとき吾々はその結果は偶然に起ったという。

つまり，「偶然」に原因はあるが，目に見えないというのである．「ブラジルで一羽の蝶が羽ばたくと，テキサスで竜巻が起きる」というたとえ話もある．蝶の隣で蜂が蜜を吸えば，パリに雷が落ちるかもしれない．

　「偶然」という言葉は日常的によく使われるが，偶然と因果律をめぐる問題は，幾多の哲学的論考を生んだ深いテーマであり，自然科学においていまだに大きな謎であり続けている．

章末問題

演習問題

7.1（連）　硬貨を繰り返し投げる．n 回連続して表または裏が出るまでの投げる回数の期待値を求めよ．

7.2（無限の猿定理）　猿がアルファベット26文字を偏りなくランダムにタイプする（図7.3）．"monkey" という文字列が現れるまでに打つ文字数の期待値を求めよ．

　無限に長くランダムにタイプしていけば，やがてはどんな文字列も現れる．シェイクスピアの作品も現れるだろう．このことは「猿がシェイクスピアを打つ」などといわれる．

[†]　『改訳 科学と方法』p.73，岩波文庫，1953.

図 7.3　猿

7.3（倍数）　サイコロを繰り返し投げ，それまでに出た目の総和が 5 の倍数になるまで続ける．サイコロを投げる回数の期待値を求めよ．

発展問題

7.4（破産問題の一般の場合）　破産問題（ミッション 7.2, 例 7.1）について，1 回のゲームで A が勝つ確率を p $\left(\text{ただし，} 0 < p < 1, \ p \neq \dfrac{1}{2}\right)$ として，B が破産する確率，および，どちらかが破産するまでのゲームの回数 T の期待値 $E(T)$ を求めよ．

統計編

確率論とは何かと聞かれたら，確率の公理 (公理 2.1) を満たす数学と答えればよい．しかし，確率とは何かと聞かれたら，まず現実の世界で起きている不確実な現象を念頭において，「確率」という言葉でいい表されているものの意味を考えなければならない．また，確率論による考察の結果が，現実の不確実な現象をうまく説明しているかどうか調べる必要もある．確率論の結果が現実の現象に合致しているかどうか吟味するとき，統計学を有用な道具として用いることができる．確率論はいうまでもなく数学の理論の一つだが，統計学は現象と理論を接続する役割をもつ．

たとえ話をしよう．人は他人の心のうちを推測するとき，どうするだろうか．私たちは過去の経験から，人の外面的な態度を見てその内面を推測する直感を身につけているが，人の内面的状態がどのような外面的態度をとらせるかを，何らかのルールとして認識しているということもあろう．このルールを逆に見ると，人の外面から内面を推測する一つの方法になる．

サイコロの目についても，これに似たことがある．現実のサイコロについて，そのサイコロの性質，すなわち 1 から 6 までの目が「同様に確からしく」出ているか，それとも目に偏りがあるかを調べようと思ったら，何度もサイコロを投げる実験をするだろう．そしてその結果から，目の出やすさについて何らかの結論を得るだろう．実験の結果が人の外面に相当し，目の出やすさが人の内面に相当する．

統計学では，内面に当たるものを**確率モデル**という形で表現し，外面に当たるものを**標本**とよぶ．統計編では，標本をもとに確率モデルを推測する方法をいくつか取り上げ，統計学の基本的な考え方を紹介する．

第 8 章
検定の考え方

本章では，統計データの分析法の一つである「仮説検定」とよばれる方法を学び，統計学に特徴的な考え方を知る．特に，統計分析には確率モデルが必要であること，統計的判断の誤りには二つの種類あること，判断の誤りが起きにくい統計分析をするには試行回数を増やすことが効果的であることなどを学ぶ．

8.1 対局ゲーム

8.1.1 AI碁

┌─ ミッション 8.1 … AI碁 ─

囲碁の対局では，通常後手の白より先手の黒が有利とされる．ところが人口知能 (AI) どうしの対局では，なぜか後手の白のほうが勝率が高いことがあり，2017年のある対局では，10回試合をして後手が8勝，先手が2勝している．

どちらも同じ人工知能を使っているので，"実力"に差はないと考えよう．8対2という結果から後手が有利だと判断したいが，この判断は妥当だろうか．

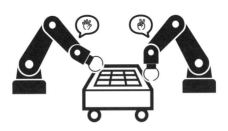

図 8.1　AI どうしの対局

AとBが1001回試合をして，Aが501回勝ち，Bが500回勝ったとしよう．このとき，AはBより強い，あるいは何らかの理由でAのほうが勝ちやすい状況にあるといってよいだろうか．501勝と500勝の差である1勝分は"偶然の結果"であるとして，A,Bの優劣についての判断を保留すべきではないだろうか．それでは，10回中8

回 A が勝ち 2 回 B が勝ったとしたらどうだろうか．また，A が全勝したとしたらどうだろうか．

このように，統計データに基づいて何らかの判断をするということについて考えてみよう．

■8.1.2 確率モデルと帰無仮説

A と B の対局ゲームの結果として，次のようなことが起きたとしよう．

〈事実 F〉 10 回ゲームを行い，A が 8 勝，B が 2 勝した．

この事実に基づいて，A と B の勝ちやすさに違いがあるといってよいだろうか．しかし，「A と B の勝ちやすさに違いがある」とは，そもそもどういうことだろうか．

「A と B の勝ちやすさに違いがある」ということを定義するために，対局ゲームを確率の問題として考えてみよう．

〈ゲームの仮定〉 (1) 各回のゲームにおいて，A が勝つ確率は p, B が勝つ確率は $1 - p$ である．
    (2) ゲームを繰り返すとき，毎回の結果は互いに独立である．

実際のゲームの勝敗を決める要因は大変複雑だろうが，ゲームの結果は確率的に決まるとみなすのである．これはある意味で単純化である．そして，上記のような仮定をおくことにより**確率モデル**が定められたと考える．確率 p のような定数を確率モデルの**母数**（ぼすう）(parameter) という．母数は未知数である．また，ゲームには引き分けがあるかも知れないし，確率 p は毎回変化するかもしれないが，話があまり複雑にならないように単純化された仮定をおく．

さて，〈ゲームの仮定〉をもとにして考えることにすると，「A と B の勝ちやすさに違いがある」とは「$p \neq \dfrac{1}{2}$ である」ということになる．逆に，「A と B の勝ちやすさに違いがない」とは「$p = \dfrac{1}{2}$ である」ということだといえる．それでは，〈事実 F〉をもとに，$p \neq \dfrac{1}{2}$ なのか $p = \dfrac{1}{2}$ なのか判定できるだろうか．あとの便宜のために，「$p = \dfrac{1}{2}$」のほうに「帰無仮説」（きむかせつ）という名前をつける．

〈**帰無仮説** H〉　〈ゲームの仮定〉において $p = \dfrac{1}{2}$ である.

帰無仮説 (null hypothesis) というのは, この仮説をいずれ否定するつもりでいるという意味であり, 統計学で一般的に用いられる用語である.

▨8.1.3　棄却・採択

仮に,「ある仮説 (たとえは帰無仮説 H) のもとでは決して起きないこと」があって, そのことが現に起きたとしよう. このときには,「その仮説は誤りである」といってよい. これは背理法の論理である. しかし, 今の場合, 帰無仮説 H が真であっても偽であっても,〈事実 F〉は起こりうるので, 次のような考え方を真偽の判断のより所にする.

もしも「帰無仮説 H のもとでは滅多に起きないこと」が起きたら, それを根拠に, 帰無仮説 H は偽であると判断することにする.

実際, 帰無仮説 H のもとで, 勝敗について大きな偏りが生じることは滅多にないので (6.1.1 項), 大きな偏りが観察されたら, 帰無仮説 H は偽であると判断することにする. この考え方に従って下された判断はいつも正しいとは限らないが, "おおむね正しい" と考えることにして, 判断のしかたに関する次のようなルールを考える.

ルール 8.1　A と B が 10 回ゲームをして A が x 回勝ったとする.

このとき
$$0 \leq x \leq 2 \quad \text{または} \quad 8 \leq x \leq 10 \tag{8.1}$$
ならば帰無仮説 H は偽であると判断し,

$$3 \leq x \leq 7 \tag{8.2}$$

ならば帰無仮説 H は真であると判断する.

帰無仮説 H は偽であると判断することを **H を棄却する** (reject) といい, H は真であると判断することを **H を採択する** (accept) という. また (8.1) の範囲を **棄却域** (rejection region), (8.2) の範囲を **採択域** (acceptance region) という.

ルール 8.1 に従って A,B の勝ちやすさに違いがあるかどうか判断する場合，誤った判断を下すことがありうる．どのようなルールに従うにせよ誤りは起こりうるものであるが，なるべく誤りが起きにくいルールに従うのがいいだろう．それでは，ルール 8.1 は誤りの少ない妥当なルールだろうか．

8.2　判断の妥当性

■8.2.1　判断の誤り

ルール 8.1 に従って帰無仮説 **H** を棄却・採択するときに，誤った判断を下すことがある．問題は誤りの起きやすさなのだが，判断の誤りには 2 種類あることに注意しよう（図 8.2）．

		帰無仮説の真偽	
		真	偽
帰無仮説についての判断	「真」と判断	正しい判断	第二種の過誤
	「偽」と判断	第一種の過誤	正しい判断

図 8.2　第一種の過誤と第二種の過誤

(1) 帰無仮説 **H** が真であるのに，式 (8.1) が成り立ち **H** を棄却する誤り．これを**第一種の過誤** (error of the first kind) という．

(2) 帰無仮説 **H** が偽であるのに，式 (8.2) が成り立ち **H** を採択する誤り．これを**第二種の過誤** (error of the second kind) という．

2 種類の過誤について，別の例で説明してみよう．病原菌に感染していることを検出するための検査（章末問題 2.3）は完璧ではない．「感染していない」という仮説を帰無仮説とすると，感染していないのに誤って陽性としてしまう偽陽性は，第一種の過誤に相当するといえる．これに対し，感染しているのに誤って陰性としてしまう偽陰性は，第二種の過誤に相当するといえる（図 8.3）．およそ物事の判断の誤りには第一種の過誤と第二種の過誤がありうるが，どちらの過誤を重視するかは時と場合による．

「あなたは病気です」

第一種の過誤

「あなたは健康です」

第二種の過誤

図 8.3　第一種の過誤と第二種の過誤の例

■8.2.2　有意水準

さて，私たちは誤りの起きにくいルールを選びたいのだが，通常は第一種の過誤の起きる確率が 0.05 以下になるルールを採用する．第一種の過誤が起きる確率として，ここまでは許容しようという限界の値（今の場合は 0.05）を**有意水準** (significance level) という．

> 〈有意水準〉　この章の考察では，有意水準を 0.05 (5%) にとる．

ただし，0.05 という値を使うことに特別な理由はない．これは一種の慣習であって，何らかの事情により特段の慎重さが求められる場合には，有意水準を 0.01 のように小さい値にとることもある．また，有意水準を定めても，さまざまなルールが考えられる．その中でも，第二種の過誤が起きる確率が小さいルールを選びたい．

それでは 8.1.2 項のルール 8.1 の場合，第一種の過誤と第二種の過誤の起きやすさはどれほどだろうか．

あとの便宜のために状況を少し一般化して，A と B による対局ゲームを n 回繰り返すとする．A が勝った回数を X で表すと，8.1.2 項の〈ゲームの仮定〉のもとで，X は 0 から n までの整数値をとる確率変数であり，X の確率分布は次の二項分布 $\mathrm{Bi}(n, p)$ で与えられる（6.1.1 項）．

$$P(X = x) = \binom{n}{x} p^x (1-p)^{n-x} \quad (x = 0, 1, 2, \ldots, n) \tag{8.3}$$

確率分布 (8.3) に基づいて，第一種の過誤と第二種の過誤が起きる確率を考える．

■8.2.3　第一種の過誤

まず，第一種の過誤が起きる確率を求める．「帰無仮説 H が真である」とは「$p = \dfrac{1}{2}$

である」ということである．式 (8.3)において $n = 10$, $p = \dfrac{1}{2}$ とした二項分布を $P_{10,\boldsymbol{H}}(X = x)$ と書くと，

$$P_{10,\boldsymbol{H}}(X = x) = \binom{10}{x}\left(\frac{1}{2}\right)^{10} \quad (x = 0, 1, 2, \cdots, 10) \tag{8.4}$$

となり，この分布を表にすると表 8.1 のようになる．ただし，数値はすべて近似値である．

表 8.1　$n = 10$, $p = \dfrac{1}{2}$ のときの二項分布 (8.4)

x	0	1	2	3	4	5	6	7	8	9	10
二項分布	0.001	0.010	0.044	0.117	0.205	0.246	0.205	0.117	0.044	0.010	0.001

　ルール 8.1 のもとで，「帰無仮説 $\boldsymbol{H}$ は偽であると判断する」のは「$x \le 2$ または $x \ge 8$」のとき（図 8.4）であるから，そのようなことが起きる確率は[†]

$$
\begin{aligned}
P_{10,\boldsymbol{H}}(X \le 2 \text{ または } X \ge 8) &= \sum_{x=0}^{2} P_{10,\boldsymbol{H}}(X = x) + \sum_{x=8}^{10} P_{10,\boldsymbol{H}}(X = x) \\
&= 0.001 + 0.010 + 0.044 + 0.044 + 0.010 + 0.001 \\
&= 0.110
\end{aligned} \tag{8.5}
$$

である．すなわち第一種の過誤が起きる確率を α とすれば，

$$\alpha = 0.110 \tag{8.6}$$

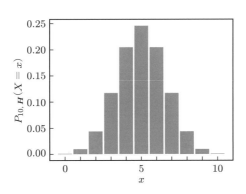

図 8.4　ルール 8.1 における第一種の過誤（青色部分）

[†] 式 (8.5) の 2 行目の等号は，「≈」にすべきであるが，今後表 8.1 のような近似値や巻末の付表を用いて計算した結果を表すときに「≈」ではなく「＝」を用いる．

である.

■8.2.4　第二種の過誤

　次に, 第二種の過誤が起きる確率について調べよう. ルール 8.1 の場合,「帰無仮説 **H** が偽である」とは,「$p \neq \dfrac{1}{2}$ である」ということだが, これだけでは二項分布 (8.3) の母数 p の値が決まらないので, 式 (8.4) に代わる確率分布を書くことができない. そこで, 第二種の過誤の起きやすさについて目安をつけるために,「$p = \dfrac{1}{4}$」(B のほうが勝ちやすい) という仮説と「$p = \dfrac{3}{4}$」(A のほうが勝ちやすい) という仮説を考えよう. これらの仮説は, 帰無仮説 **H** が成立しないときに **H** を否定する意味で立てられるもので, **H** の**対立仮説** (alternative hypothesis) とよばれる.

〈対立仮説 **G_1**〉　$p = \dfrac{1}{4}$ である.

〈対立仮説 **G_2**〉　$p = \dfrac{3}{4}$ である.

　そして, 第二種の過誤としては,

　　　　対立仮説 **G_1** が真であるのに, 帰無仮説 **H** を採択する誤り
　　　　対立仮説 **G_2** が真であるのに, 帰無仮説 **H** を採択する誤り

の二つを考える. 対立仮説は第二種の過誤の起きやすさについて目安をつけるためのものであり, 対立仮説 **G_1**, **G_2** 以外に, たとえば「$p = 0.2$」や「$p = 0.8$」を対立仮説にしてもよい. 対立仮説の立て方によって「目安」は変わるだろうが, あくまで目安にすぎないので, あまり気にしないことにする.

　対立仮説 **G_1**, **G_2** のそれぞれについて, 二項分布 (8.3) を考える. 式 (8.3) において, $n = 10$, $p = \dfrac{1}{4}$ とした二項分布を $P_{10, \boldsymbol{G_1}}(X = x)$ と書き, $n = 10$, $p = \dfrac{3}{4}$ とした二項分布を $P_{10, \boldsymbol{G_2}}(X = x)$ と書くと,

$$P_{10, \boldsymbol{G_1}}(X = x) = \binom{10}{x} \left(\frac{1}{4}\right)^x \left(\frac{3}{4}\right)^{10-x} \qquad (x = 0, 1, 2, \ldots, 10) \tag{8.7}$$

$$P_{10,\boldsymbol{G}_2}(X=x) = \binom{10}{x}\left(\frac{3}{4}\right)^x\left(\frac{1}{4}\right)^{10-x} \quad (x=0,1,2,\ldots,10) \qquad (8.8)$$

となる．そして，二項分布 (8.4), (8.7), (8.8) をまとめて表にすると，表 8.2 のように
なる．

表 8.2 $p = \dfrac{1}{2}, \dfrac{1}{4}, \dfrac{3}{4}$ とした二項分布 (8.4), (8.7), (8.8)

x	0	1	2	3	4	5	6	7	8	9	10
$p = \dfrac{1}{2}$	0.001	0.010	0.044	0.117	0.205	0.246	0.205	0.117	0.044	0.010	0.001
$p = \dfrac{1}{4}$	0.056	0.188	0.283	0.250	0.146	0.058	0.016	0.003	0.000	0.000	0.000
$p = \dfrac{3}{4}$	0.000	0.000	0.000	0.003	0.016	0.058	0.146	0.250	0.283	0.188	0.056

ルール 8.1 のもとで，帰無仮説 $\boldsymbol{H}$ を採択するのは $3 \leq X \leq 7$ のときである（図
8.5）．したがって，対立仮説 $\boldsymbol{G}_1$ が成立している状況下で帰無仮説 $\boldsymbol{H}$ を採択する確
率は，

$$
\begin{aligned}
P_{10,\boldsymbol{G}_1}(3 \leq X \leq 7) &= \sum_{x=3}^{7} P_{10,\boldsymbol{G}_1}(X=x) \\
&= 0.250 + 0.146 + 0.058 + 0.016 + 0.003 = 0.473 \qquad (8.9)
\end{aligned}
$$

である．また，対立仮説 $\boldsymbol{G}_2$ が成立している状況下で帰無仮説 $\boldsymbol{H}$ を採択する確率は，

$$P_{10,\boldsymbol{G}_2}(3 \leq X \leq 7) = \sum_{x=3}^{7} P_{10,\boldsymbol{G}_2}(X=x)$$

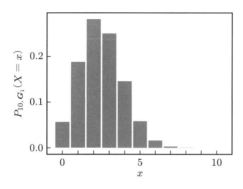

図 8.5 対立仮説 $\boldsymbol{G}_1$ のもとでの第二種の過誤（灰色部分）

$$= 0.003 + 0.016 + 0.058 + 0.146 + 0.250 = 0.473 \quad (8.10)$$

である．すなわち，対立仮説を G_1 としたとき第二種の過誤が起きる確率を β_1 とし，対立仮説を G_2 としたとき第二種の過誤が起きる確率を β_2 とすると，

$$\beta_1 = \beta_2 = 0.473 \tag{8.11}$$

である．いつでも $\beta_1 = \beta_2$ となるわけではないということに注意しておこう．たとえば，G_1 を「$p = \dfrac{1}{4}$」，G_2 を「$p = \dfrac{4}{5}$」とすれば，$\beta_1 \neq \beta_2$ となる．

■8.2.5　判断の妥当性

棄却・採択のルール 8.1（8.1.3 項）の場合，式 (8.6)で得られた第一種の過誤の確率 α は 0.110 であり，8.2.2 項で定めた有意水準 0.05 を超えるので，ルール 8.1 は妥当なルールとはいえない．そこで，ルール 8.1 を次のように修正してみよう．k は $0, 1, 2, 3, 4$ のどれかである．

ルール 8.2　A と B が 10 回ゲームをして A が x 回勝ったとする．
　このとき，

$$0 \leq x \leq k \quad \text{または} \quad 10 - k \leq x \leq 10 \tag{8.12}$$

ならば帰無仮説 H を棄却し，

$$k + 1 \leq x \leq 9 - k \tag{8.13}$$

ならば帰無仮説 H を採択する．

ルール 8.2 はルール 8.1 を一般化したものであり，ルール 8.1 は $k = 2$ の場合に相当する．それでは，k の値をどのようにとったらよいだろうか．

$k = 0, 1, 2, 3, 4$ のそれぞれについて，第一種の過誤が起きる確率を α，対立仮説を G_1 として第二種の過誤が起きる確率 β_1，対立仮説を G_2 として第二種の過誤が起きる確率 β_2 を調べると，表 8.3 のようになる．ただし，G_1, G_2 は 8.2.4 項で定めたものとする．

表 8.3　棄却域のとり方と過誤の確率

k	0	1	2	3	4
α	0.002	0.022	0.110	0.344	0.754
$\beta_1 = \beta_2$	0.944	0.756	0.473	0.220	0.058

α が有意水準 0.05 を超えないルールは，$k = 0$ の場合（$\alpha = 0.002$）と $k = 1$ の場合（$\alpha = 0.022$）である．このうち第二種の過誤が起きにくいルール（β_1, β_2 が小さいルール）を選ぶと，$k = 1$ となる（$\beta_1 = \beta_2 = 0.756$ である）．

さて，ルール 8.2（$k = 1$）を〈事実 **F**〉（8.1.2 項）に適用すると，$x = 8$ は採択域（8.13）に属するので，帰無仮説 **H** は採択される．つまり，A, B の勝ちやすさに違いがあると主張できないという結論になる．

統計学におけるこのような判断を，有意水準 0.05 の**仮説検定** (hypothesis testing) という．

ところで，ルール 8.2（$k = 1$）による仮説検定において，β_1, β_2 の値 0.756 はかなり大きい．これは，第二種の過誤（A,B の勝ちやすさに違いがあるのに，その違いを検出できないという事態）が起きやすいということである（これを病原菌の感染を調べる検査にたとえるなら，感染を検出する力が十分ではないという状況に相当する）．第二種の過誤が起きやすい（起きにくい）仮説検定は，帰無仮説が偽であるときに偽であるという事実を見出す力が弱い（強い）という意味で，**検出力**が低い（高い）という．ルール 8.2（$k = 1$）による仮説検定は，検出力が低いといわざるをえない．結局，ルール 8.2（$k = 1$）に従うと，有意水準 0.05 の仮説検定をすることができるが，この仮説検定は検出力が低く，十分な信頼性をもつ仮説検定であるとはいえない．

8.3 試行回数の影響

■8.3.1 試行回数を増やす

一般に，棄却域を狭くとると第一種の過誤の起きる確率 α は小さくなるが，採択域が広くなるので第二種の過誤が起きる確率 β_1, β_2 は大きくなる．したがって，棄却域のとり方を工夫することにより，α, β_1, β_2 をすべて小さくするというわけにはいかない．そこで，試行の回数（ゲームの回数，式 (8.3) における n）を大きくしてみよう．対局ゲームに限らず，実験回数を増やせばデータの信頼性が向上すると考えられるが，今の場合，信頼性の向上は，第一種，第二種の過誤が起きる確率が小さくなるという形で現れるだろう．

試みに試行回数 n を 40 にしてみよう（40 という値に特に意味はない）．そして，帰無仮説 **H**（8.1.2 項）について，次のような棄却・採択のルールを考える．

> **ルール 8.3** A と B が 40 回ゲームをして A が x 回勝ったとする．
>
> このとき，

$$0 \leq x \leq 13 \quad \text{または} \quad 27 \leq x \leq 40 \tag{8.14}$$

ならば帰無仮説 H を棄却し，

$$14 \leq x \leq 26 \tag{8.15}$$

ならば帰無仮説 H を採択する．

■8.3.2　第一種の過誤

ルール 8.3 について，第一種の過誤が起きる確率 α を求める．確率分布 (8.3) において，$n = 40$, $p = \dfrac{1}{2}$ とする．この場合，確率計算を簡単にするために，二項分布を正規分布で近似する（6.2.1 項）．$n = 40$, $p = \dfrac{1}{2}$ のとき，二項分布 (8.3) の期待値 $E(X)$ と分散 $V(X)$ は

$$E(X) = np = 20 \tag{8.16}$$

$$V(X) = np(1 - p) = 10 \tag{8.17}$$

であるから（図 8.6），二項分布 (8.3) は正規分布 $\mathrm{N}(20, 10)$ で近似できる．さらに

$$Z = \frac{X - 20}{\sqrt{10}} \tag{8.18}$$

とおくと，Z は近似的に標準正規分布 $\mathrm{N}(0, 1)$ に従う（6.2.1 項）．半数補正を施した近似式 (6.4) を用いると，

$$P_{40,\boldsymbol{H}}(14 \leq X \leq 26) \approx P_{\mathrm{N}(0,1)}\left(\frac{14 - 20 - 0.5}{\sqrt{10}} \leq Z \leq \frac{26 - 20 + 0.5}{\sqrt{10}}\right)$$

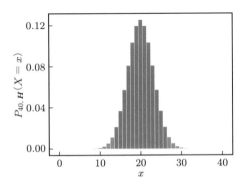

図 8.6　ルール 8.3 における第一種の過誤（青色部分）

$$\approx P_{\mathrm{N}(0,1)}(|Z| \le 2.055) \tag{8.19}$$

となるから，標準正規分布表より

$$\alpha = P_{40,\boldsymbol{H}}(X \le 13 \text{ または } 27 \le X)$$
$$\approx P_{\mathrm{N}(0,1)}(|Z| > 2.055) = 0.04 \tag{8.20}$$

となる．$P_{\mathrm{N}(0,1)}(\cdots)$ は標準正規分布 $\mathrm{N}(0,1)$ の確率を表す．$\alpha = 0.04$ は 8.2.2 項で定めた有意水準 0.05 を超えない．

■8.3.3 第二種の過誤

対立仮説 $\boldsymbol{G}_1, \boldsymbol{G}_2$（8.2 節）について，それぞれ第二種の過誤が起きる確率 β_1, β_2 を求める．β_1 を求めるために，確率分布 (8.3) において，$n = 40$, $p = \dfrac{1}{4}$ とする．このとき，二項分布 (8.3) の期待値と分散は

$$E(X) = np = 10 \tag{8.21}$$
$$V(X) = np(1 - p) = 7.5 \tag{8.22}$$

であるから（図 8.7），

$$Z = \frac{X - 10}{\sqrt{7.5}} \tag{8.23}$$

とおくと，Z は近似的に標準正規分布に従う（6.2.1 項）．近似式 (6.4) を用いると

$$P_{40,\boldsymbol{G}_1}(14 \le X \le 26) \approx P_{\mathrm{N}(0,1)}\left(\frac{14 - 10 - 0.5}{\sqrt{7.5}} \le Z \le \frac{26 + 10 + 0.5}{\sqrt{7.5}} \right)$$

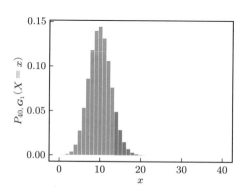

図 8.7 対立仮説 $\boldsymbol{G}_1$ のもとでの第二種の過誤（灰色部分）

$$\approx P_{\mathrm{N}(0,1)} \left(1.278 \leq Z \leq 6.025\right) \tag{8.24}$$

となるから，標準正規分布表より

$$\beta_1 = 0.100 \tag{8.25}$$

となる．同様に

$$\beta_2 = 0.100 \tag{8.26}$$

である．

　ルール 8.1 ($k = 2$) では $\beta_1 = \beta_2 = 0.756$ であり，ルール 8.3 では $\beta_1 = \beta_2 = 0.100$ であるから，ルール 8.1 ($k = 2$) よりルール 8.3 のほうが検出力が高いことがわかる．このように，試行回数を増やすことは仮説検定の信頼性を向上させるために有効である．

　それでは，ルール 8.1 ($n = 10, k = 2$) では不十分で，ルール 8.3 ($n = 40, k = 13$) なら十分かというと，これは一概にいえず，時と場合による．また，有意水準を 5% とすることにも明確な根拠があるわけではない．統計学の役割は物事に白黒をつけることではなく，グレーゾーンの濃淡を定量化して，判断の材料を提供することである．

8.4　棄却・採択についての注意　*One more !*

　今まで対局ゲームに即して仮説検定の考え方を説明してきたが，「採択する」「棄却する」という表現は混乱を招きやすい．

8.4.1　採択の意味

8.2.5 項の結論のように，「帰無仮説を採択する」といっても，帰無仮説を積極的に肯定するわけではない．むしろ，棄却するに足るだけの十分な証拠がなかったという意味にとったほうがよい．「帰無仮説は真か」という問いに対して，「その可能性を排除する」（棄却），「その可能性を排除しない」（採択）といういい方もある．統計学は否定することは比較的得意だが，肯定することは苦手である．

　もしも対局ゲームについての知識やゲーマー A,B の資質についての情報があるなら，たとえば A,B が同等の人工知能であるということがわかっていれば，A,B に優劣はないと積極的に主張することができるだろう．しかしこれは「現象の仕組み」に踏み込むことになり，統計データに基づく統計的判断とは別の種類の判断が入ることになる．

■8.4.2 棄却の意味

仮説検定では，確率モデルの母数についての検定を行う．仮説検定で帰無仮説 $\boldsymbol{H}$ を棄却した場合，$\boldsymbol{H}$ に述べられている母数の値 $\left(\text{たとえば } p = \dfrac{1}{2}\right)$ が正しくないと考えるのであって，確率モデルを使うこと自体（たとえば 8.1.2 項の〈ゲームの仮定〉）を否定するわけではない．

たとえば対局ゲームで 10 試合中 8 回 A が勝った場合，仮説「$p = \dfrac{1}{2}$」は棄却されるが，仮説「$p = \dfrac{8}{10}$」は（合理的な有意水準で）採択される（9.5 節）．このように仮説「$p = p_*$」が採択されるような p_* が存在するので，仮説検定の立場に立つ限り，確率モデル自体を疑う必要性はない．

確率モデルを用いること自体の是非を問うためには，現象の仕組みに踏み込むなど，別のアプローチをとる必要がある．

▶ **注意 8.1** 帰無仮説「$p = \dfrac{1}{2}$」を棄却したとき，その否定である仮説「$p \neq \dfrac{1}{2}$」を採択することになるが，さらに強い主張である「$p > \dfrac{1}{2}$」や「$p < \dfrac{1}{2}$」を採択できるだろうか．10 試合中 8 回 A が勝ったという事実そのものが仮説「$p > \dfrac{1}{2}$」を支持していると主張するには，「$p_* \leq \dfrac{1}{2}$」を満たすすべての p_* に対して仮説「$p = p_*$」を棄却すればよい（例 9.4）．

8.5　仮説検定の一般的な形 *One more !*

状況設定を一般化して，仮説検定の考え方を整理しておこう．

確率変数 X に対し，X の値が集合 J に含まれる確率を $P_\theta(X \in J)$ と書く．θ は（未知の）母数であり，J は X の値域（とりうる値の全体）の部分集合である．

以下において，確率変数 X の具体的な確率分布としては，二項分布 (8.3) のような離散分布や，正規分布 $\mathrm{N}(\mu, \sigma^2)$ のような連続分布を想定する．また母数 θ は，二項分布 (8.3) における p や，正規分布 $\mathrm{N}(\mu, \sigma^2)$ における μ や σ^2 などを想定している．

さて，ある試行において，確率変数 X の実現値が得られたとして，母数 θ についての（帰無）仮説

〈仮説 H_{θ_*}〉　$\theta = \theta_*$

の真偽を判定する．判定のために，J を棄却域，I を採択域とする次のようなルール

を定める.

〈仮説検定のルール〉　$X \in J$ なら $\boldsymbol{H}_{\theta_*}$ を棄却し，$X \in I$ なら $\boldsymbol{H}_{\theta_*}$ を採択する.

棄却域 J と採択域 I は（X の値域を全体集合として）互いに補集合になるようにとる.
　J を棄却域とする仮説検定において，第一種の過誤が起きる確率は

$$\alpha = P_{\theta_*}(X \in J) \tag{8.27}$$

と表せる．また，$\boldsymbol{H}_{\theta_*}$ の対立仮説を

〈仮説 $\boldsymbol{H}_{\theta_1}$〉　$\theta = \theta_1$

とすれば，第二種の過誤が起きる確率 β は

$$\beta = P_{\theta_1}(X \in I) \tag{8.28}$$

と表せる.
　仮説検定を計画するとき，I, J の定め方の基本は次のとおりである.

---

　(1) 有意水準を設定する.
　(2) 式 (8.27) で定まる α が有意水準を超えないような J のうち，式 (8.28) で定
　　　まる β の値がなるべく小さくなるものをとる.

　このようにして，第一種の過誤と第二種の過誤がなるべく起きにくいようにという
相反する要請を満たそうとする．しかし，定められた有意水準を守りつつ，第二種の
過誤が起きにくい（検出力が大きい）仮説検定が実現できないときには，試行回数を
増やすことが効果的であるといえる.

Column　仮説検定におけるランダム性

　あるゲームで A と B のどちらが強いかを判定するために，40 回ゲームを行った結果，
「ABAB···AB」のように，A と B が交互に勝ったとしよう.

　A が勝ったのは 40 回中 20 回であるから，仮説検定としては，「A が勝つ確率は $\frac{1}{2}$ であ
る」という帰無仮説を採択し，A と B に優劣はないとすることになる.

しかし何か釈然としない．帰無仮説を立てるには，まず「ゲームの勝敗はランダムに決まり，試行ごとに独立で，A の勝つ確率は p である」ということ（確率モデル）を仮定する．そして仮説検定では「$p = \dfrac{1}{2}$」かどうかを判断するのであり，「ランダム」という部分の検定は行わない．だから，仮説検定としては A と B に優劣はないとするのである．

しかしやはり釈然としない．「ABAB$\cdots$AB」のような規則的な結果が生じるには，何か特別の理由があると考えたくなる．実際（帰無仮説のもとで）このようなことが起きる確率は $2^{-40} \approx 10^{-12}$ という極めて小さい値であるから，大変稀なことが起きたといえる．しかし「ABABAB$\cdots$AB」だけでなく，「BABABA$\cdots$BA」や「AABBAABB$\cdots$AABB」という結果も大変稀なことである．さらにどんな勝敗結果も確率 2^{-40} でしか起きないのだから，「稀なこと」が際限なく増えていく．

では，ランダムかどうかを検定する方法はないのだろうか．無限に長い文字列のランダム性については，第 5 章の Column で触れたが，有限の文字列がランダムであるということを数学的に定義する方法は知られていない．このようなわけで，仮説検定では勝敗を決定する仕組みに踏み込まず，ランダムであることを仮定するが，この仮定が疑わしいこともある．

章末問題

8.1 　A と B が 1000 回対局ゲームをした結果に基づいて，帰無仮説「A と B の勝ちやすさに違いはない」を有意水準 5% で仮説検定したい．

(1) A が 510 回，B が 490 回勝った．
(2) A が 550 回，B が 450 回勝った．

上記の (1)，(2) の場合それぞれに対して，仮説検定せよ．

8.2 　ウェルドン[1] は実際のサイコロを 315,672 回投げて，出る目を調べた[2]．それによると，5 または 6 が出た回数は 106,602 だった．このサイコロは正しく作られているだろうか．5 または 6 が出る確率 p についての帰無仮説「$p = \dfrac{1}{3}$」を有意水準 1% で仮説検定せよ．

8.3 　A と B が n 回対局ゲームをした結果，A が全勝したとする．帰無仮説「A と B の勝ちやすさに違いはない」が有意水準 5% で棄却されるような n の範囲を求めよ．

---

[1] 不詳．
[2] R.A. フィッシャー『研究者のための統計的方法　POD 版』p.51，森北出版，2013.

8.4　統計学者 R.A. フィッシャー[1] のエピソード[2]．ある婦人が，ミルクティーの味を見れば，ミルクに紅茶を入れたか紅茶にミルクを入れたかわかると主張した．フィッシャーはある実験を提案する．8 杯のミルクティーを用意し，そのうち 4 杯はミルクを先に入れ 4 杯は紅茶を先に入れて，無作為に並べる．4 杯ずつであることを告げて婦人に味わってもらい，どの 4 杯がミルクを先に入れたカップか識別してもらう．

(1) 婦人が全部正解したら婦人の主張は正しいと判断することにする．このテストにおいて，第一種の過誤の確率（まったく識別能力がないのにたまたま全部正解する確率）はいくらか．

(2) 実験用のミルクティーを 8 杯用意するとき，3 杯はミルクを先に入れ，5 杯は紅茶を先に入れ，全部正解したら婦人の主張は正しいと判断することにする．第一種の過誤の確率はいくらになるか．

図 8.8

---

†1　Ronald Aylmer Fisher, 1890–1962.

†2　R.A. フィッシャー『実験計画法　POD 版』p.10，森北出版，2013．D. サルツブルグ『統計学を拓いた異才たち』p.1，日本経済新聞社，2006．

第9章
推定の考え方

　本章では，仮説検定と並んで重要な「統計的推定」の方法（点推定と区間推定）を学ぶ．仮説検定の結論は「棄却」か「採択」だったが，統計的推定の目的は未知の母数を推定することであり，その結論は「0.7 である」「0.6 と 0.8 の間にある」のような形になる．

9.1　視聴率調査

9.1.1　抜き取り検査と視聴率調査

　製品が正しく作られているかどうか調べるために，全製品の中からいくつか選び出して検査することがある．これを**抜き取り検査**という．

ミッション 9.1 … 抜き取り検査

　ある工場では年間 10 万台の製品を作っており，そのうち 100 台を抜き取り検査している．その 100 台の中に不良品はなかった．
　「残りの 9 万 9900 台については何もいえませんね」
　「100 台を無作為に選んだので，大丈夫です」
　調べなかった部分について，厳密なことは何もいえない．しかし，調査対象を無作為に選ぶと，調べなかった部分についてもわかることがある．それは何だろうか．

　同様の例として，テレビ番組の視聴率調査を考えてみよう．視聴率調査でも，全世帯を調べるのは大変なので，一部の世帯を選んで調べる．

ミッション 9.2 … 視聴率

　テレビ局 T の番組 A を放送している地域で 2000 世帯を選んで調べたところ，450 世帯で番組 A を見ていたので，視聴率は 22.5％ とした．
　「他局の番組 B は 21.5％ です．わずかですが，B に勝ってますね」
　さて，2000 件の調査で 22.5％ と 21.5％ の違いに意味はあるのだろうか．

▪9.1.2　母集団と標本

　製品の抜き取り検査では全製品の一部を，テレビの視聴率調査では全世帯の一部を選んで調査する．全製品や全世帯を**母集団** (population) といい，実際に調査を行うために母集団から抜き出された成員（製品や世帯）の集まり，つまり母集団の部分集合を**標本** (sample) という（図 9.1）．母集団全体を調査することを**全数調査**といい，標本を用いる調査を**標本調査**という．

母集団　　　　　　　　　　　　　標本

図 9.1　野原（母集団）で花を摘む（標本）

　標本調査に関する用語などを確認しよう．必要に応じて，視聴率調査の例を用いる．なお，実際の視聴率調査では世帯ではなくテレビ装置を選ぶのだが，実際の調査方法の詳細には触れないことにする．

　母集団に含まれる成員の数を**母集団の大きさ** (population size) という．視聴率調査の例では，テレビ局 T の番組 A を放送している地域の世帯数が母集団の大きさである．また，標本に含まれる成員の数を**標本の大きさ** (sample size) という．「標本」は選ばれた成員全体を指す言葉であり，2000 個の成員からなる標本を 1 個選んだら，「標本の大きさ」は 2000 であるが，「標本の数」は 1 である．

　テレビ局 T の番組 A を放送している地域の全世帯を母集団として，母集団の大きさを N とする．また，ある世帯が番組 A を見ていたら「性質 A をもつ」ということにして，母集団の中で性質 A をもつ成員の数（番組 A を見ていた世帯の数）を M とする．このとき，全世帯の中で性質 A をもつ世帯の割合は

$$p = \frac{M}{N} \tag{9.1}$$

である．p は全数調査によって得られる値「真の視聴率」である．

　真の視聴率 p のように，母集団の統計的性質を表す指標を**母数** (parameter) という．統計調査の目的は母集団の母数を知ることだが，全数調査を行わない限り母数の真の値はわからない．全数調査を実行できない場合，標本調査を行って未知の母数を推定

する．なお，8.1.2 項のゲームの仮定における確率 p も「母数」という同じ名でよんだ．その理由については，9.4.2 項で説明する．

また，視聴率調査の対象となる母集団において，各成員が性質 A をもつかどうかは確定していて，偶然に左右される不確定な要素は何もないと考えている．式 (9.1) で定義される p を確率ではなく割合とよんだのは，M にも N にも確率的な要素が何もないからである．

■9.1.3 無作為抽出

標本調査においては，偏りのない標本を作ることが大切である．たとえば母集団から代表を選ぶとき，子供がいる家庭だけ選んだりすると，子供向けのテレビ番組の視聴率は真の視聴率より高くなるだろう．したがって，標本として選ばれた世帯に生活状況などの偏りが生じないように，またすでに選ばれた人の家族を意図的に優先して標本に入れたり，排除したりするという恣意（しい）的選択をしないように注意する必要がある．そこで，

> 母集団の各成員が標本に入るかどうかは，その成員のもっている性質の影響を受けない

ようにする．この条件を満たすように標本抽出を行うには，たとえばサイコロの目に応じて成員を取捨選択するなど，確率現象をうまく利用する．そのようにして偏りのない標本を作ることを**無作為抽出** (random sampling) といい，無作為抽出によって作られた標本を**無作為標本** (random sample) という．

植物の栽培実験などを計画する際には，実験条件の偏りが実験結果に影響を及ぼさないように注意する必要がある．たとえば肥料 A と肥料 B の効果を比較するとき，畑を二つに分けて，畑 1 に肥料 A を施し畑 2 に肥料 B を施して，畑 1 の作物がよく育ったとしても，畑 1 が畑 2 より土壌や日照の条件がよいのかもしれず，肥料 A が肥料 B より優れているとはいい切れない．このような混乱を回避するためには，畑をたとえば 16 等分して，無作為に 8 か所を選んで肥料 A を施し，他の 8 か所に肥料 B を施すようにするとよい．

このように確率現象を利用して実験条件を整えるという"無作為化の思想"は，R.A. フィッシャーによるとされる．章末問題 8.4 のミルクティーの実験についていえば，紅茶の温度やカップの厚さなどにわずかなばらつきがあり，ミルクを先に入れた紅茶の温度が低かったりカップが厚手だったりしたら，実験の結果が信頼できなくなる．しかしどれほど気を付けても，ばらつきを完全に排除することはできない．そこでばら

つきを無効にするために，2種類の紅茶をカップに注ぐとき，カップを無作為に割り付けなさいとフィッシャーはいう．

■9.1.4 無作為標本の確率モデル

母集団から標本を無作為抽出するとき，選ばれた成員が性質 A をもつかどうかは不確定であり，確率現象である．よって，「選ばれた成員が性質 A をもつ確率」を考えることができる．

そこで，標本の抽出法について，次の仮定をおく．

〈無作為抽出の仮定〉 (1) 無作為抽出された成員が性質 A をもつ確率は，母集団の母数 p に等しい．

(2) 複数の成員を無作為抽出するとき，各成員が性質 A をもつかどうかは成員ごとに独立である．

〈無作為抽出の仮定〉によって「無作為抽出」という言葉の意味が定められたと考えよう．ここでいくつか注意したいことがある．

まず，無作為抽出を厳密に実現することはいろいろな理由で困難であり，実際には無作為抽出を近似的に実現していると思ったほうがよい．つまり，〈無作為抽出の仮定〉は，現実の「現象世界」における"望ましい標本作り"を理想化した確率モデルである．

ところで，母集団から標本を作るとき，1個成員を選んだらその成員を母集団から除外して次の成員を選ぶこともある．これを**非復元抽出** (sampling without replacement) という．これに対して，1個成員を選んだら，その成員を母集団に戻してから次の成員を選ぶ方法を**復元抽出** (sampling with replacement) という．復元抽出では，同じ成員が2回以上選ばれる可能性がある．非復元抽出では，母集団から成員を抜き出すたびに母集団の中身が変わるので，〈無作為抽出の仮定〉を満たさない．したがって，〈無作為抽出の仮定〉を満たす抽出方法は復元抽出でなければならないということになるが，巨大な母集団では復元抽出と非復元抽出の差はほとんどない（章末問題 9.4）．なお，非復元抽出が含まれるように"無作為抽出"の条件を緩めることもある．

最後に，もう一つ注意をつけ加える．式 (9.1) によって定義される母数 p は確定した"割合"であり，"確率"ではない．しかし，〈無作為抽出の仮定〉によって，p は「無作為抽出された成員が性質 A をもつ確率」という意味をもつことになる．ここに，標本調査に確率論を適用しうる理由がある．

9.2　視聴率の推定

9.2.1　母数の推定

視聴率調査において無作為標本が得られたとして，その標本に基づいて式 (9.1) の「真の視聴率」p を推定 (estimation) することを考える．

標本に基づいて母集団の母数を推定するとは，次のような意味である．

例 9.1

番組 A の放送地域で，2000 世帯を選んで調べたところ，そのうち 450 世帯が番組 A を見ていた（性質 A をもつ）とする．このとき，真の視聴率は $\dfrac{450}{2000} = 0.225$ であると推定する．

この例の考え方を一般化すると，次のようになる．

> **考え方 9.1**　大きさ n の標本の中で性質 A をもつ成員の数を x とする．このとき，〈無作為抽出の仮定〉における母数 p の値を $\dfrac{x}{n}$ と推定する（このような推定を点推定という）．
> $$\frac{x}{n} = 母数\,p\,の推定値 \tag{9.2}$$

母数 p の推定値 $\dfrac{x}{n}$ は p の真の値に近いことが期待されるが，p の真の値にぴったり一致するとは思えない．なぜなら，標本調査では母集団全体を見ないからである．この意味で，母数の推定には誤差が伴う．それでは $\dfrac{x}{n}$ は，p の推定値として，誤差が十分小さいといえるだろうか．

9.2.2　推定量

推定 (9.2) に伴う誤差の大きさを評価しよう．まず 9.1.4 項の〈無作為抽出の仮定〉のもとで，標本の中で性質 A をもつ成員の数は確率変数として扱うべきなので，標本の中で性質 A をもつ成員の数を表す確率変数を X とし，推定 (9.2) における $\dfrac{x}{n}$ は確率変数 $\dfrac{X}{n}$ の実現値であると考える（図 9.2）．

一般に，母数の推定に用いられる確率変数を**推定量** (estimator) という．確率変数

母数 p

母集団

標本と実現値

$$\frac{450}{2000} \quad \frac{464}{2000} \quad \frac{445}{2000} \quad \frac{453}{2000} \quad \frac{442}{2000}$$

図 9.2　ランダムに花を摘むと，目的の花の割合はランダムになる

$\dfrac{X}{n}$ は母数 p の推定量である．このように，$\dfrac{X}{n}$ を p の推定量，$\dfrac{x}{n}$ を p の推定値とよび分けているが，この区別には今後あまりこだわらないことにする．

X は 0 から n までの整数値をとる確率変数であり，$X = x$ となる確率 $P(X = x)$ は二項分布になる．

$$P(X = x) = \binom{n}{x} p^x (1-p)^{n-x} \quad (x = 0, 1, 2, \ldots, n) \tag{9.3}$$

二項分布の性質から，X の期待値 $E(X)$ は np，分散 $V(X)$ は $np(1-p)$ であるから（6.1.2 項），

$$E\left(\frac{X}{n}\right) = \frac{1}{n} E(X) = p \tag{9.4}$$

$$V\left(\frac{X}{n}\right) = \frac{1}{n^2} V(X) = \frac{p(1-p)}{n} \tag{9.5}$$

が成り立つ（定理 4.3, 4.6）．

式 (9.4)により，確率変数 $\dfrac{X}{n}$ の期待値は母数 p に一致しており，また式 (9.5)により，n が大きいとき $\dfrac{X}{n}$ の揺らぎは小さいことがわかる．したがって n が大きいとき，推定量 $\dfrac{X}{n}$ は母数 p に近い値をとり，推定の誤差は小さいと期待できる．

■9.2.3　推定の誤差

「誤差」という言葉は日常的によく使われるが，「誤差」には二つの種類がある．つねに実際より遅れている時計や，つねに実際より大きめの速度を表示する速度メーターは測定装置として誤差をもつ．これは一定の傾向をもった（偶然に左右されない）誤差であり，**系統誤差**とよばれる．これに対して，偶然に起因する誤差を**偶然誤差**とい

う．式 (9.4)により，推定量 $\dfrac{X}{n}$ に系統誤差はないといえる．また式 (9.5)により，n が大きいとき，推定量 $\dfrac{X}{n}$ の偶然誤差は小さいといえる．

さて，n が大きいとき，確率変数 $\dfrac{X}{n}$ は母数 p に近い値をとると期待できる．それでは，「近い」とはどういうことだろうか．

X の確率分布 (9.3)の期待値は $E(X) = np$，分散は $V(X) = np(1-p)$ であるから，

$$Z = \frac{X - np}{\sqrt{np(1-p)}} = \frac{\dfrac{X}{n} - p}{\sqrt{\dfrac{p(1-p)}{n}}} \tag{9.6}$$

とおくと，n が大きいときには，Z は近似的に標準正規分布に従う（6.2.1 項）．

正規分布表によると，不等式

$$|Z| < 1.96 \tag{9.7}$$

が確率 0.95 で成り立ち，式 (9.6)を用いると，式 (9.7)は

$$\left| \frac{X}{n} - p \right| < 1.96 \sqrt{\frac{p(1-p)}{n}} \tag{9.8}$$

となる．よって，式 (9.8)は確率 0.95 で成り立ち，$\dfrac{X}{n}$ が p の周りにどの程度揺らぐかを表している．

例 9.2

式 (9.8)において $p = 0.225$，$n = 2000$ とすると，

$$\left| \frac{X}{2000} - 0.225 \right| < 1.96 \sqrt{\frac{0.225 \times 0.775}{2000}} = 0.0183 \tag{9.9}$$

$$\therefore \quad 0.2067 < \frac{X}{2000} < 0.2433 \tag{9.10}$$

となる[†]．式 (9.9), (9.10)は，確率 0.95 で成立する．すなわち，大きさ 2000 の標本を無作為抽出するとき，X は確率 0.95 で式 (9.9), (9.10)を満たす．よって，$\dfrac{X}{n} \left(= \dfrac{X}{2000} \right)$ は $p = 0.225$ を中心として ± 0.018 程度の揺らぎをもつといえる．これは確率 0.95 で正しい言明である．

[†] 式 (9.9) の等号のように，単純な数値計算の結果は，まるめ誤差を無視して "=" を用いて表す．

式 (9.8)のように，確率変数 $\frac{X}{n}$ は p の周りで揺らいでしまうので，その実現値 $\frac{x}{n}$ に（母数 p の推定値として）絶対的な信を置くことはできない．このように推定量 $\frac{X}{n}$ が誤差をもつのは，母集団全体を見ずに標本を用いたからである．しかし，誤差を式 (9.8)のように評価することができたのは，無作為標本を用いたからである．

さて，式 (9.10)のように，2000 件程度の規模の視聴率調査では ±2 ポイント† 程度の誤差が伴うので，視聴率 21.5%と 22.5%の違いを意味のあるものととらえるだけの信頼性はないことがわかる．しかし，標本の大きさ n を大きくとれば，式 (9.8)の右辺はいくらでも小さくなるので，$\frac{X}{n}$ の実現値が母数 p の極めて近い範囲に出現することはほぼ確実である（確率 0.95 で成立する）．したがって，n が十分大きければ，$\frac{X}{n}$ を p の推定量として用いることは妥当であると考えられる．

9.3　区間推定

■9.3.1　視聴率の推定

例 9.2 では，母数 p の値がわかっているとして，p の推定量 $\frac{X}{n} = \frac{X}{2000}$ は大体どの範囲の値をとるかということを考え，式 (9.10)を得た．それでは，$\frac{X}{n}$ の実現値 $\frac{x}{n}$ がわかったとして，p の存在範囲を求められるだろうか．これは，p の存在範囲を答えるという形で p の値を推定することを意味する．

▶例 9.3

大きさ 2000 の標本において，性質 A をもつ成員が 450 個あったとする．そこで，式 (9.8)において $n = 2000$，$X = 450$ とすると，

$$\left| \frac{450}{2000} - p \right| < 1.96 \sqrt{\frac{p(1-p)}{2000}} \tag{9.11}$$

となり，両辺を 2 乗して p について解くと

$$0.2072 < p < 0.2438 \tag{9.12}$$

となる．式 (9.8)は（ほぼ確実ともいえる）確率 0.95 で成立するので，式 (9.11)は成

† 「±2 ポイント」とは (22.5 ± 2)%の意味．「±2%の誤差」というと，$22.5 \times (1 \pm 0.02)$%の意味になる．

立していると思ってしまって，真の視聴率 p は式 (9.12)の範囲にあると推定する．

■9.3.2 信頼区間

例 9.3 を一般化すると次のようになる．式 (9.6)で定義される Z は標準正規分布に従うとして，正の数 z_0 を任意に選び，

$$|Z| < z_0 \tag{9.13}$$

を満たす確率を γ とする．たとえば，$z_0 = 1.96$ ならば $\gamma = 0.95$ である．式 (9.6)を用いると，式 (9.13)は

$$\left| \frac{X}{n} - p \right| < z_0 \sqrt{\frac{p(1-p)}{n}} \tag{9.14}$$

となる．式 (9.14)の両辺を 2 乗して p について解いた結果を

$$p_1 < p < p_2 \tag{9.15}$$

とする．式 (9.15)は確率 γ で成立する．ここで，無作為抽出された標本を用いて p_1, p_2 の値を定めれば，式 (9.12)に対応する不等式が得られる．

無作為標本を用いて確率変数 p_1, p_2 の実現値を定めたとき，p の区間 (9.15)を**信頼係数** (confidence coefficient) γ （または $100\gamma\%$）の**信頼区間** (confidence interval) という．たとえば式 (9.12)は，信頼係数 0.95(95%) の信頼区間である．0.95 という値を選んだことに特段の理由はないが，一般によく用いられる．このように，信頼区間を作るという形で母数の推定を行うことを**区間推定** (interval estimation) という．これに対し，式 (9.2) のように一つの数値として推定することを**点推定** (point estimation) という．

▶ **注意 9.1** 式 (9.11)を p について解くとき，p の値は 0.225 の付近にあると考えて，右辺の p を 0.225 で置き換えてしまうと，

$$|0.225 - p| < 1.96 \sqrt{\frac{0.225 \times 0.775}{2000}} = 0.0183 \tag{9.16}$$

$$\therefore \quad 0.2067 < p < 0.2433 \tag{9.17}$$

となり，式 (9.12)に近い範囲が得られる．実用上はこれで十分だろう．式 (9.17)と式 (9.10)は区間としては同じである．

一般化していえば次のようになる．式 (9.14)を p について解くとき，p の値は $\dfrac{X}{n}$ の付近

にあると考えて，右辺の p を $\dfrac{X}{n}$ で置き換えてしまうと，

$$\left|\frac{X}{n}-p\right| < z_0\sqrt{\frac{1}{n}\frac{X}{n}\left(1-\frac{X}{n}\right)} \tag{9.18}$$

$$\therefore\quad \frac{X}{n}-z_0\sqrt{\frac{1}{n}\frac{X}{n}\left(1-\frac{X}{n}\right)} < p < \frac{X}{n}+z_0\sqrt{\frac{1}{n}\frac{X}{n}\left(1-\frac{X}{n}\right)} \tag{9.19}$$

となる．

9.4　推定についての注意

■9.4.1　信頼係数の意味

　信頼係数とは，式 (9.12) のような区間推定にどれほど信を置きうるかを確率の形で表現するものである．したがって，「信頼係数とは式 (9.12) が成立する確率である」といいたくなるが，「式 (9.12) が成立する確率」とはどういう意味なのかはっきりしないところがある．というのは，式 (9.12) において p は未知ではあるが定まった数であるから，式 (9.12) が成立するかどうかは確定しているからである．

　式 (9.12) のもとになった式 (9.15) を見てみよう．式 (9.15) においても，p は未知ではあるが定まった数である．それでは p_1, p_2 は何だろうか．

　式 (9.15) のもとになった式 (9.14) を見てみよう．式 (9.14) において X は確率変数である．そして，式 (9.14) は成立することもあり成立しないこともあるが，式 (9.14) が成立する確率は（9.1.4 項の〈無作為抽出の仮定〉のもとで）γ である．したがって，式 (9.14) と同値な不等式 (9.15) が成立する確率は，式 (9.14) が成立する確率と等しく γ である．

　このように「式 (9.15) が成立する確率」は γ であるが，p_1, p_2 に実現値を代入してしまった式 (9.12) については，「式 (9.12) が成立する確率」といういい方を避け，通常は「信頼係数」を次のように解釈する．

　大勢の人がそれぞれ（別の）無作為標本をもらってきて，式 (9.14) の中の確率変数 X に（標本から決まる）実現値を代入したとする．そして，その不等式を p について解いて，式 (9.15) の形の不等式を作ったとしよう．このとき全員同じ γ の値を使うものとする．したがって，式 (9.14) の右辺の z_0 は全員共通である．p の値については誰も真の値を知らないが，全員に共通の未知数である．このようにして作られた式 (9.15) の形の不等式が信頼区間であり，各自がそれぞれの信頼区間を作ったという状況である．さてこの状況で，作った信頼区間が p を含み，p の値を正しく推定できている人もいれば，p を含まず，正しく推定できていない人もいるだろう（図 9.3）．では，正しい信頼

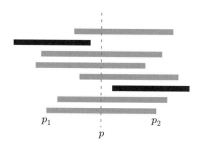

図 9.3 信頼区間が母数 p を含む場合（グレー）と含まない場合（黒）

区間を作った人はどれほどいるだろうか．言い換えれば，ある 1 人の人が作った信頼区間が p を含み，p の値を正しく推定している確率はどれほどか．p の値を正しく推定しているかどうかは，式 (9.14) の中の確率変数 X に（標本から決まる）実現値を代入したときに決まっており，正しい不等式を得る確率は γ である．このように，無作為標本を用いて作った信頼区間が p の値を正しく推定している確率が信頼係数である．

　通常は信頼係数の意味を上記のように解釈するが，「式 (9.12) が成立する確率は 95% である」といういい方をそのままに，信頼係数を主観確率（「信念」の度合いを表す確率．第 1 章の Column 参照）として理解しようとする立場もある．しかし，ここではその詳細に触れないことにする．

■9.4.2　実験観察と母集団

　〈ゲームの仮定〉（8.1.2 項）は，〈無作為抽出の仮定〉（9.1.4 項）と数学的に同じ形であり，同じ確率モデルを定める．さらに，1 枚の硬貨を繰り返し投げる「硬貨投げ」や，ミッション 6.1 の「種の発芽」についても，硬貨の表が出る確率や発芽確率を p として，〈ゲームの仮定〉と同様の確率モデルを考えることができる．しかし硬貨投げ，対局ゲーム，種の発芽では，母集団に当たるものが目に見える形では存在しない．そこで，

> 硬貨投げ，対局ゲーム，種の発芽の結果は，仮想的な母集団から無作為抽出された成員である

と考えることにしよう．すると，（硬貨投げ，対局ゲーム，種の発芽のような）実験観察と（視聴率調査のような）標本調査を区別する必要がなくなる．

　このように，硬貨投げなどと視聴率調査を区別して扱う必要はないとすると，仮説検定の方法を視聴率調査に適用することができるし，逆に，硬貨の表が出る確率など

を区間推定することができる.

　たとえば，1 個の硬貨を 2000 回投げて 450 回表が出たとする．この結果に基づいて，例 9.3 と同様にして，この硬貨の表が出る確率 p の信頼区間を作ると，式 (9.12) となる．ここで，硬貨投げにおいて「表が出ること」は，視聴率調査において「番組 A を見ていること」に対応している.

9.5　仮説検定と区間推定　*One more !*

　仮説検定と区間推定の間に本質的な違いはない．このことを確かめておこう.

　〈ゲームの仮定〉(8.1.2 項) や〈無作為抽出の仮定〉(9.1.4 項) における母数 p について,

〈仮説 H_{p_*}〉　$p = p_*$

を有意水準 α で仮説検定することを考える．ただし，$0 < p_* < 1$，$0 < \alpha < 1$ である．大きさ n の無作為標本において性質 A をもつ成員の数を x として，棄却域を

$$x \leq x_1 \quad \text{または} \quad x_2 \leq x \tag{9.20}$$

とする．ただし，x_1，x_2 を次の条件によって定める.

$$P_{p_*}(X \leq x_1) = P_{p_*}(X \geq x_2) = \frac{\alpha}{2} \tag{9.21}$$

P_{p_*} は式 (9.3) において $p = p_*$ とした確率分布である．この確率分布を正規分布で近似する．式 (9.6) と同様に

$$Z = \frac{X - np_*}{\sqrt{np_*(1 - p_*)}} = \frac{\dfrac{X}{n} - p_*}{\sqrt{\dfrac{p_*(1 - p_*)}{n}}} \tag{9.22}$$

とおくと，Z は近似的に標準正規分布に従う．そこで,

$$P_{N(0,1)}(Z \leq -z_0) = P_{N(0,1)}(Z \geq z_0) = \frac{\alpha}{2} \tag{9.23}$$

が成り立つような z_0 をとると，式 (9.21), (9.23) より,

$$X = x_1 \quad \Longleftrightarrow \quad Z = -z_0 \tag{9.24}$$

$$X = x_2 \quad \Longleftrightarrow \quad Z = z_0 \tag{9.25}$$

である．したがって，式 (9.22)を用いると，棄却域 (9.20)は次のように表せる．

$$\frac{\left| \dfrac{X}{n} - p_* \right|}{\sqrt{\dfrac{p_*(1 - p_*)}{n}}} \geq z_0 \tag{9.26}$$

そして，X にその実現値 x を代入すれば，帰無仮説 $\boldsymbol{H}_{p_*}$ の棄却条件となる．

そこで逆に，帰無仮説 $\boldsymbol{H}_{p_*}$ が採択されるための x の条件を書くと，

$$\frac{\left| \dfrac{x}{n} - p_* \right|}{\sqrt{\dfrac{p_*(1 - p_*)}{n}}} < z_0 \tag{9.27}$$

となる．式 (9.27)は式 (9.14)と同じ形をしているが，式 (9.14)における z_0 は

$$P_{\mathrm{N}(0,1)}(|Z| \leq z_0) = \gamma \tag{9.28}$$

を満たすので，$\gamma = 1 - \alpha$ とすれば，式 (9.27)の z_0 と式 (9.14)の z_0 は一致する．

以上により，次の 2 条件は同値であることがわかる．

(1) 帰無仮説 $\boldsymbol{H}_{p_*}$ は有意水準 α で採択される
(2) p_* は信頼係数 $1 - \alpha$ の信頼区間に属する

また，次の 2 条件は同値であるといってもよい．

(3) 帰無仮説 $\boldsymbol{H}_{p_*}$ は有意水準 α で棄却される
(4) p_* は信頼係数 $1 - \alpha$ の信頼区間に属さない

(3) は (1) の否定，(4) は (2) の否定である．このように，仮説検定と区間推定は本質的に同等であり，信頼係数 $1 - \alpha$ の信頼区間とは，帰無仮説 $\boldsymbol{H}_{p_*}$ が有意水準 α で採択されるような p_* の集合にほかならない．

▌例 9.4

8.1.2 項の対局ゲームにおいて，10 試合中 A が 8 勝したとする．〈ゲームの仮定〉における母数 p の信頼区間を求めると，信頼係数を 0.95 として式 (9.14)を用いれば，$0.66 < p < 0.89$ となる．すなわち，

　　$p_* \leq 0.66$ ならば，p_* は信頼係数 0.95 の信頼区間に属さない．

したがって,

$p_* \leq 0.66$ ならば, 帰無仮説 $\boldsymbol{H}_{p_*}$ は有意水準 0.05 で棄却される.

これが注意 8.1 への答えとなる.

9.6　推定量の誤差と大数の法則 *One more !*

9.2.3 項において,「n が大きいとき確率変数 $\dfrac{X}{n}$ は母数 p に近い値をとる」ということを確かめた.「確率変数 $\dfrac{X}{n}$ は母数 p に近い値をとる」という観点から, 大数の法則（定理 6.5）の意味を考えてみる.

大きさ n の標本が与えられているとして, 標本の各成員が "性質 A" をもつどうかを問題にする. 標本中の j 番目の成員が性質 A をもつならば $X_j = 1$ とし, 性質 A をもたないならば $X_j = 0$ とする. すなわち, $j = 1, 2, \ldots, n$ について,

$$X_j = \begin{cases} 1 & (j \text{ 番目の成員が性質 } A \text{ をもつ}) \\ 0 & (j \text{ 番目の成員が性質 } A \text{ をもたない}) \end{cases} \tag{9.29}$$

とする. X_j は確率変数であり, $X_j \ (j = 1, 2, \ldots, n)$ が従う確率分布は互いに一致し, かつ互いに独立である. そして,

$$E(X_j) = p, \quad V(X_j) = p(1-p) \tag{9.30}$$

が成り立つ（6.1.2 項）. $X_1, X_2, \ldots, X_n$ を用いると、標本の全成員のうち "性質 A" をもつものの数 X は

$$X = \sum_{j=1}^{n} X_j \tag{9.31}$$

と表せる.

さて, 定理 6.5 は（X を S_n と書いているが）, 次のことを主張する.

n が大きいとき, $X_1, X_2, \ldots, X_n$ の平均 $\dfrac{X}{n}$ は, $E(X_j) = p$ に近い値をとる.

つまり大数の法則は, 母数 p の推定量 $\dfrac{X}{n}$ について, n が大きいなら誤差は小さいといっているのである.

さて，$\dfrac{X}{n}$ は確率変数であり，その実現値は，標本調査や反復試行実験などを実行することによって得ることができる．これに対し，期待値 $p = E(X_j)$ は確率モデルの母数であり，未知の定数である．ここで，確率モデルの母数 p を調査・実験によって測定できるということが重要である．このとき n を大きくとれば，測定誤差をいくらでも小さくできる．

このようなわけで，大数の法則は，理論世界（母数）と現象世界（試行）を結び付ける（理論世界の）定理という意味をもつといえる．

Column　作為と無作為

予期しないことが原因もなく起きると，それは偶然に起きたといわれる．特定の結果を望んでその原因を作ることを「作為」といい，作為がないことを「無作為」という．

しかし，無作為に振る舞うことはとても難しい．〇と×を無作為に書き並べようとすると，〇がいくつも続けて並ぶことや，×がいくつも続けて並ぶことを避けようとする心理が働く．しかし硬貨投げなどの確率現象を利用すると，〇が 6 個以上並ぶことも稀ではない（章末問題 7.1）．このように人が無作為に振る舞うことは大変難しく，特に作為的な無作為は本当の無作為と異なる．

生物の進化は突然変異と自然選択の結果とされるが，進化の根源は何かといえば，遺伝子の突然変異という "無作為" 的変化である．考えてみれば，人の創造的活動においても，その根源に無作為的な思い付きがあり，ついで意識による作為的な選択が働いているように思われる．

章末問題

信頼区間を作るときには，注意 9.1 の簡略化された方法を用いよ．

9.1　章末問題 8.2 を再考する．サイコロを 315,672 回投げたところ，5 または 6 が出た回数は 106,602 だった．このサイコロで 5 または 6 が出る確率 p の信頼区間を求めよ．ただし，信頼係数を 99% とする．

9.2　テレビ番組 A の視聴率調査において，

(1) 2000 世帯のうち 450 世帯で，テレビ番組 A を見ていたとする．視聴率の信頼区間 $(0.215, 0.235)$ の信頼係数を求めよ．

(2) ある標本を用いて，信頼係数 95% の信頼区間 $(0.215, 0.235)$ を得た．標本の大きさはどれほどか．

9.3　選挙の投票所で，無作為に投票者 100 人を選んで出口調査を行ったところ，候補者 A に投票した人が 60 人いた．A の得票率について信頼係数 95% の信頼区間を作り，この

信頼係数において A は当選確実といえるかどうか調べよ.

9.4　大きさ N の母集団において，性質 A をもつ成員が M 個あるとする．また，非復元抽出によりこの母集団から選ばれる大きさ n の標本は $\dbinom{N}{n}$ 通りあるが，これらの標本が等確率で出現するとする.

(1) 標本の中に性質 A をもつ成員が x 個含まれる確率は，次式で表されることを示せ.

$$
q_x = \frac{\dbinom{M}{x}\dbinom{N-M}{n-x}}{\dbinom{N}{n}} \quad (x = 0, 1, 2, \ldots, n) \tag{9.32}
$$

(2) 式 (9.32)において，$M = Np$ とする．p を $0 < p < 1$ の範囲の数に固定して $N \to \infty$ とすると，q_x は式 (9.3)の右辺 $\dbinom{n}{x} p^x (1-p)^{n-x}$ に収束することを示せ.

9.5　9.3 節で行った区間推定は，県民の中から 2000 人を無作為抽出して調査した結果に基づいているとする．この調査を全国に拡大するとしたら，調査対象として何人無作為抽出したらよいか.

9.6　ミッション 9.1（抜き取り検査）について考える．ある工場で 100 台を無作為に抜き取って検査したところ，不良品はなかった．一つの製品が不良品である確率 p について，どのようなことがいえるか．式 (9.14) に基づく区間推定の考え方に従って答えよ.

第10章
適合度

第8章における仮説検定の考え方を，いろいろな問題に適用してみよう．この章では，メンデルが行ったエンドウ豆の実験についてのデータ解析を例として取り上げる．

10.1 メンデルのエンドウ豆実験

10.1.1 実験

ミッション10.1 … メンデルの実験

G.J. メンデル[†] は 1865 年，エンドウ豆の遺伝形質を調べる実験において，収穫した 556 個のエンドウ豆を四つの表現型に分類して，表 10.1 のような結果を得た．

表 10.1　メンデルの実験

表現型	黄色・丸い	黄色・しわがある	緑色・丸い	緑色・しわがある	合計
頻度	315	101	108	32	556

たとえば，「黄色・丸い」という表現型をもつエンドウ豆は 556 個中 315 個だった．メンデルはこのデータに基づいて，四つの表現型は 9 : 3 : 3 : 1 の比率で現れると主張した．この主張は統計的に正しいといえるだろうか．

黄色・丸い　　　黄色・しわがある　　　緑色・丸い　　　緑色・しわがある

図 10.1

もしもエンドウ豆が 2 個のグループに分けられているなら（たとえば「黄色」か「緑

---

† Gregor Johann Mendel, 1822–1884.

色」かで分けられているなら），第 8 章の対局ゲームと同じ方法で仮説検定することが
できる．それでは，表 10.1 のように 4 個のグループに分けられている場合，どうした
らよいだろうか．

問題は，表 10.1 のデータに基づいて，表現型の出現頻度は 9 : 3 : 3 : 1 であるとい
う仮説の真偽を考察することである．このとき，データ以外に遺伝生物学などの知識[†]
を用いることは，現象の仕組みに踏み込むことを意味し，統計データに基づく仮説検
定とは別のアプローチになる．

■10.1.2　確率モデル

9.4.2 項において，対局ゲームの結果を仮想的な母集団から無作為抽出された標本と
みなしたように，栽培実験で得られたエンドウ豆を，仮想的な母集団から無作為抽出
された標本とみなす．

エンドウ豆の四つの表現型を A_1, A_2, A_3, A_4 のように略記する．表現型 $A_1, A_2, A_3,$
A_4 の出現のしかたについて，次のような確率モデルを考える．

〈エンドウ豆の仮定〉 (1) エンドウ豆の表現型が A_1, A_2, A_3, A_4 である確率は，そ
　　　れぞれ p_1, p_2, p_3, p_4 である．

　　(2) エンドウ豆の表現型は，エンドウ豆ごとに独立である．

ただし，p_1, p_2, p_3, p_4 は

$$p_1 + p_2 + p_3 + p_4 = 1 \tag{10.1}$$

を満たすとする．四つの表現型が 9 : 3 : 3 : 1 の比率で現れるというメンデルの主張
は，確率 p_1, p_2, p_3, p_4 を

$$p_1 = \frac{9}{16}, \quad p_2 = \frac{3}{16}, \quad p_3 = \frac{3}{16}, \quad p_4 = \frac{1}{16} \tag{10.2}$$

のようにとることを意味する．また，N 個のエンドウ豆が収穫されたとして，A_j 型
のエンドウ豆の数を x_j とすると，x_1, x_2, x_3, x_4 は

$$x_1 + x_2 + x_3 + x_4 = N \tag{10.3}$$

を満たす．x_j を**観測度数**という．表 10.1 では

$$x_1 = 315, \quad x_2 = 101, \quad x_3 = 108, \quad x_4 = 32, \quad N = 556 \tag{10.4}$$

[†] 興味のある読者は遺伝生物学の教科書（D.L. ハートル，E.W. ジョーンズ『エッセンシャル遺伝学』な
　ど）を見るとよい．

である.

次の仮説を考える.

〈**仮説 H**〉 〈エンドウ豆の仮定〉において,p_1, p_2, p_3, p_4 は式 (10.2) で与えられる.

統計データ (10.4) を用いて,〈仮説 H〉の真偽を仮説検定しよう.そのために棄却域(と採択域)を設定する.つまり,どのような x_1, x_2, x_3, x_4 が得られたら H を棄却するか(採択するか)を決める.ただし直接そうするのではなく,適合度とよばれる尺度を導入する.

■10.1.3 適合度

A_j 型のエンドウ豆は確率 p_j で出現するので,N 個のエンドウ豆のうち A_j 型の数は(その期待値)Np_j の周りで揺らぐ(6.1.2 項).Np_j を「理論が示唆する度数」という意味で**理論度数**という.たとえば,A_1 型の理論度数は

$$Np_1 = 556 \times \frac{9}{16} = 312.75 \tag{10.5}$$

である.A_2, A_3, A_4 型についても同様に求めると,表 10.2 のようになる.

表 10.2 メンデルの実験についての観測度数と理論度数

表現型	A_1	A_2	A_3	A_4	合計
観測度数	315.00	101.00	108.00	32.00	556.00
理論度数	312.75	104.25	104.25	34.75	556.00

表 10.2 を見ると,観測度数と理論度数はかなり近いようだが,観測度数と理論度数の近さを測るために,

$$\chi^2 = \frac{(観測度数 - 理論度数)^2}{理論度数} \text{ の和} = \sum_{j=1}^{4} \frac{(x_j - Np_j)^2}{Np_j} \tag{10.6}$$

で定義される量を考える.χ^2(カイ 2 乗)を**適合度** (goodness of fit) という.表 10.2 の場合,χ^2 の値は

$$\chi^2 = \frac{(315 - 312.75)^2}{312.75} + \frac{(101 - 104.25)^2}{104.25} + \frac{(108 - 104.25)^2}{104.25} + \frac{(32 - 34.75)^2}{34.75}$$
$$= 0.47 \tag{10.7}$$

である.

χ^2 の定義式 (10.6) において分母（理論度数 Np_j）を無視すれば,

$$（観測度数 - 理論度数)^2 \text{ の和} = \sum_{j=1}^{4}(x_j - Np_j)^2 \qquad (10.8)$$

となり, 2 点 $(x_1, x_2, x_3, x_4), (Np_1, Np_2, Np_3, Np_4)$ の間の距離の 2 乗を表す.

▶ **注意 10.1**　式 (10.8) の右辺で, 和をとる範囲が $j = 1, 2, 3$ であれば

$$（観測度数 - 理論度数)^2 \text{ の和} = \sum_{j=1}^{3}(x_j - Np_j)^2$$

となり, 3 次元空間の 2 点 $(x_1, x_2, x_3), (Np_1, Np_2, Np_3)$ の間の距離の 2 乗を表す. そこで式 (10.8) の右辺の和を, 4 次元空間の 2 点の距離の 2 乗を表すと考える.

　適合度とは理論と実際の間の "距離" を測る尺度の一種であり, 理論モデルと統計データがどれほど近いかを表すと考えられる. そして χ^2 の値が小さいとき,「理論モデルは統計データに適合している」という.

　そこで, χ^2 の値が小さければ仮説 **H**（理論）は正しく, 大きければ仮説 **H**（理論）は正しくないと判断することにする. ただし, 仮説 **H** が正しくても $\chi^2 = 0$ となるわけではなく, 偶然による観測度数の揺らぎのために $\chi^2 > 0$ となる. では, $\chi^2 = 0.47$ という値は小さいのだろうか.

10.2　適合度による検定

　適合度 χ^2 を用いて〈仮説 **H**〉を仮説検定するために, 少し状況を一般化したうえで必要な定理を書く.

■ 10.2.1　確率モデル

　エンドウ豆の四つの表現型を一般化し, 母集団の成員（実験で得られた個体）は r 種類のグループ（階級）$A_1, A_2, \ldots, A_r$ に分類されるとして, 次のことを仮定する.

〈階級の確率モデル〉　母集団から無作為抽出された成員の階級が $A_1, A_2, \ldots, A_r$ である確率は, それぞれ $p_1, p_2, \ldots, p_r$ である.

ただし, $p_1, p_2, \ldots, p_r$ は

$$p_1 + p_2 + \cdots + p_r = 1 \tag{10.9}$$

を満たすとする.

　この母集団から取り出された大きさ N の無作為標本において,階級 A_j に属する成員の数を X_j とする.$X_1, X_2, \ldots, X_r$ は確率変数であり,それらが従う確率分布を 10.4 節で考える.ここでは,X_j は(その期待値)Np_j の周りで揺らぐということに注意しておく.

　Np_j を X_j の**理論度数**とし,X_j の実現値 x_j を**観測度数**とする.$x_1, x_2, \ldots, x_r$ は関係式

$$x_1 + x_2 + \cdots + x_r = N \tag{10.10}$$

を満たす(表 10.3).

表 10.3 N 個の成員を r 個の階級に分ける

階級	A_1	A_2	$\cdots$	A_r	計
観測度数	x_1	x_2	$\cdots$	x_r	N
理論度数	Np_1	Np_2	$\cdots$	Np_r	N

▪ 10.2.2　適合度

> **定理 10.1**　〈階級の確率モデル〉において,大きさ N の無作為標本に属する成員のうち階級 A_j に属する成員の数を X_j とする.このとき,適合度
>
> $$\chi^2 = \sum_{j=1}^{r} \frac{(X_j - Np_j)^2}{Np_j} \tag{10.11}$$
>
> は,近似的に,自由度 $r-1$ の χ^2 分布に従う.

　定理 10.1 の文中の「χ^2 分布」とは,次のような確率分布のことである.$Z_1, Z_2, \ldots, Z_n$ は互いに独立で,それぞれ標準正規分布に従う確率変数とする.このとき,

$$\chi^2 = Z_1^2 + Z_2^2 + \cdots + Z_n^2 \tag{10.12}$$

で定義される確率変数 χ^2 が従う分布を**自由度** n **の** χ^2 **(カイ 2 乗)分布** (chi-square distribution with n degrees of freedom) という(図 10.2).各変数 Z_j が自由度を 1 ずつもっていて,χ^2 は合計 n 個の自由度をもつという気持ちである.定理 10.1 の状

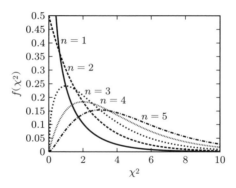

図 10.2 自由度 n の χ^2 分布の密度関数 $f(\chi^2)$

況では，実現値 $x_1, x_2, \ldots, x_r$ の間に式 (10.10) のような縛りがかかっているので，自由度が 1 だけ減って $r-1$ になると見ておこう．

定理 10.1 は近似法則である．理論度数 $Np_1, Np_2, \ldots, Np_r$ がすべて大きいとき近似がよくなり，どれかが小さいと近似が悪くなる．目安としては，$Np_k \geq 5$ を満たす状況で用いるようにするとよいとされる．

▶ **注意 10.2** 式 (10.11) で定義される適合度について，次式が成り立つ．

$$\chi^2 = \frac{1}{N} \sum_{j=1}^{r} \frac{X_j^2}{p_j} - N \tag{10.13}$$

実際の計算には式 (10.13) のほうが便利なこともある．式 (10.13) を確かめるには，式 (10.11) の右辺を

$$\chi^2 = \sum_{j=1}^{r} \left(\frac{X_j^2}{Np_j} - 2X_j + Np_j \right)$$

のように展開して，以下の等式を用いればよい．

$$\sum_{j=1}^{r} X_j = N, \quad \sum_{j=1}^{r} p_j = 1$$

■ 10.2.3　メンデルの実験データ

さて，メンデルの実験の場合，$r = 4$ であるから，適合度 χ^2 は自由度 3 の χ^2 分布に従う．有意水準を 5% とする．χ^2 分布表（付表 2）によると，

$\chi^2 \geq 7.815$ となる確率は 0.05 で，$\chi^2 < 7.815$ となる確率は 0.95 で

　ある.

そこで, 仮説 **H**（10.1.2 項）に関する棄却・採択のルールを次のように定める.

〈棄却・採択のルール（メンデルの実験）〉　$\chi^2 \geq 7.815$ なら仮説 **H**（母数の仮定 (10.2)）を棄却し, $\chi^2 < 7.815$ なら **H** を採択する.

式 (10.7) の値 $\chi^2 = 0.47$ は採択域に属するので, **H** は有意水準 5% で採択される. このような検定法を, **適合度の検定** (test of goodness of fit) という.

　一般に帰無仮説を「採択する」というのは, 積極的に肯定することではなく,「証拠不十分で棄却できなかった」という意味合いにとったほうがよい (8.4.1 項). しかし, 自由度 3 の χ^2 分布では, $\chi^2 \geq 0.584$ となる確率は 0.9 であり, メンデルの実験の場合 χ^2 の実現値は $\chi^2 = 0.47$ であるから, メンデルの仮説は実験データに十分適合しているといえる.

10.3　検定法の併用に伴う問題　*One more !*

　表 10.1 では, 556 個のエンドウ豆が 4 階級に分けられている. それでは, メンデルの実験結果を表 10.4 のようにまとめてみたらどうだろうか.

表 10.4　メンデルの実験：2 階級に集約

表現型	黄色・丸い	それ以外	合計
観測度数	315	241	556

　表 10.4 は表 10.1 において,「黄色・丸い」以外の 3 階級を一つに集約したものである. 表 10.4 のように 2 階級にしておくと, 第 8 章の対局ゲームと同様に,「黄色・丸い」表現型の出現確率 p_1 についての仮説検定をすることができる. さらにほかの 3 種類の表現型についても同様のことをすれば, 四つの表現型の出現確率 p_1, p_2, p_3, p_4 について仮説検定ができる.

　この方法は一見妥当なようである. しかし, 一つの標本について何度も仮説検定するというやり方（仮説検定の併用）は, 一般に避けたほうがよい. それは,

---

複数の仮説検定をまとめて, 全体として一つの仮説検定とみなすと, 第一種の過誤が起きる確率が増加する

という理由による.

　なぜ第一種の過誤が起きる確率が増加するか考える. 二つの仮説検定 T_1, T_2 がある
として, それぞれの帰無仮説を H_1, H_2 とし, 第一種の過誤が起きる確率はどちらも
α であるとする. そして, 仮説検定 T_1, T_2 を一つにまとめた仮説検定 T を次のように
定める.

- T の帰無仮説 H を「H_1 かつ H_2」とする
- T_1, T_2 の結果がどちらも「採択」なら, H を採択する
- T_1, T_2 の結果の少なくとも一つが「棄却」なら, H を棄却する

このとき T について, 第一種の過誤が起きる確率 α' はいくらか. 第一種の過誤とは,
帰無仮説が真であるのにそれを棄却することである. それでは, T の帰無仮説 H が真
であるとしよう. すると, T_1, T_2 の帰無仮説 H_1, H_2 も真である. したがって, T_1, T_2
の結果が「棄却」となる確率はどちらも α である. α' は T_1, T_2 の少なくとも一つの結
果が「棄却」となる確率であるから, α' は α と異なる.

　実際, T_1, T_2 の結果が「棄却」となるという事象をそれぞれ R_1, R_2 とすると,

$$\alpha = P(R_1) = P(R_2) \tag{10.14}$$

$$\alpha' = P(R_1 \cup R_2) \tag{10.15}$$

であり, T_1, T_2 が "まったく同じ検定" でなければ $R_1 \neq R_2$ であるから,

$$\alpha < \alpha' \leq 2\alpha \tag{10.16}$$

が成り立つ. 特に, T_1, T_2 の結果が（帰無仮説のもとで）互いに独立なら,

$$\alpha' = 1 - (1 - \alpha)^2$$
$$= 2\alpha - \alpha^2 \tag{10.17}$$

である.

　式 (10.16) を見ると, 仮説検定 T の有意水準を 0.05 にするためには, T_1, T_2 の有意
水準を 0.05 より小さくとる必要があることがわかる. しかしそうすると, 第二種の過
誤が増加するので検出力が落ちてしまう（8.3.1 項）. このようなわけで, 複数の検定
法を併用することは推奨されない.

10.4　反復試行と多項分布　*One more !*

検定や推定を行うには統計データを収集しなければならず, そのためには同じ実験

や観察を繰り返す必要がある．1 個の硬貨の表裏や，1 個のエンドウ豆の表現型など，
1 回の試行の結果を表す確率変数を Y とする．同じ実験や観察を繰り返すとは，確率
変数 Y の値を繰り返し発生させることである．これを**反復試行**という．

　確率変数 Y の値を N 回発生させる反復試行を行ったとして，k 回目に得られる値
を y_k とする．y_k はある確率変数 Y_k の実現値であると考える．そして，理想的な反復
試行の性質として次のことを仮定する．

〈反復試行の確率モデル〉　(1) 各 Y_k の確率分布は Y の確率分布と同じである．
(2) $Y_1, Y_2, \ldots, Y_N$ は互いに独立である．

　直感的にいえば，$Y_1, Y_2, \ldots, Y_N$ は Y のコピー（クローン）である．また，視聴率
調査のような標本調査の場合には，母集団から無作為抽出した標本を用いるが，標本
を無作為抽出する行為も反復試行である．したがって，反復試行とは，母集団から無
作為標本を抽出することであるといってもよい．

　ここで，確率変数 Y は（1 個の硬貨の表裏や 1 個のエンドウ豆の表現型のように）
$1, 2, \ldots, r$ のどれかの値をとり，Y の確率分布は

$$P(Y = j) = p_j \quad (j = 1, 2, \ldots, r) \tag{10.18}$$

のように $p_1, p_2, \ldots, p_r$ で与えられるとする．ただし，r は 2 以上の整数，また

$$p_1 + p_2 + \cdots + p_r = 1 \tag{10.19}$$

である．

　さて，反復試行の結果を，j という値が何回出たかという形に集計しよう．「j が出
た回数を X_j とする」という意味で，

$$X_j = \text{「}Y_k = j \text{ となる } k \text{ の個数」} \quad (j = 1, 2, \ldots, r) \tag{10.20}$$

とおく．このとき，〈反復試行の確率モデル〉のもとで $X_1, X_2, \ldots, X_r$ は確率変数と
なるが，それらは $p_1, p_2, \ldots, p_r$ を母数とする**多項分布** (multinomial distribution)

$$P(X_1 = x_1 \text{ かつ } X_2 = x_2 \text{ かつ } \cdots \text{ かつ } X_r = x_r)$$
$$= \frac{N!}{x_1! x_2! \cdots x_r!} p_1^{x_1} p_2^{x_2} \cdots p_r^{x_r} \tag{10.21}$$

に従う．ただし，

$$x_1 + x_2 + \cdots + x_r = N \qquad (10.22)$$

を満たすとし，式 (10.22) が成り立たないとき，式 (10.21) の左辺は 0 である．

式 (10.21) は複数の確率変数 $X_1, X_2, \ldots, X_r$ についての同時確率分布であるが，式 (10.21) から X_1 についての確率分布を導くことができて，

$$P(X_1 = x_1) = \frac{N!}{x_1!(N - x_1)!} p_1^{x_1} (1 - p_1)^{N - x_1} \quad (x_1 = 0, 1, 2, \ldots, N) \quad (10.23)$$

となる．式 (10.23) は，式 (10.21) の両辺を x_1 以外の変数について和をとった結果であるが，次のように考えてもよい．「$X_1 = x_1$ である」ということは，Y の値を繰り返し発生させる反復試行において，1 が x_1 回，1 以外の値が $N - x_1$ 回出るということであるから，$X_1 = x_1$ となる確率は二項分布 (10.23) である．二項分布 (10.23) は式 (10.18) の $r = 2$ の場合に当たる．

Column　メンデルの正しさ

　エンドウ豆の四つの表現型が 9：3：3：1 の割合で出現するという仮説は，メンデルの実験結果に適合することが確かめられた（10.2 節）．しかし，$\chi^2 = 0.47$ という値はかなり小さく，実験と仮説が合いすぎているという気がする．実際，自由度 3 の χ^2 分布では，$\chi^2 < 0.584$ となる確率は 0.1 であり，10 回実験して 1 回あるかどうかである．そのため，メンデルは自説に合う結果を選んだのではないかという憶測をよんだ．しかし，10 回中 1 回くらいは起きることなので，憶測の域を出ない．

　では，メンデルは公正だったとして，適合度検定によってメンデルの仮説が証明されたといってよいのだろうか．そもそも仮説を実験によって証明するということは，三平方の定理を幾何的に証明するのとは意味がだいぶ異なる．実験による証明は，仮説と矛盾する事実を観察しなかった，あるいは，矛盾しているといえるほど明瞭な証拠が見つからなかったという意味である．

　このような注意は，自然科学において真偽を判定する際に客観性を失わないようにするためのものである．しかし人は，慎重な論理の階梯を飛び越えて，正しさを直感することがある．もしかしたらメンデルの心の中にも，このような直感が働いていたのかもしれない．

章末問題

10.1　1943 年から 1958 年までの 16 年間に，ノースカロライナのある病院における記録をもとに，急性白血病の発症数を月別に集計して，表 10.5 のような結果が得られた[†]．この結果において，急性白血病の発症に変動が認められるか．有意水準 5% で検定せよ．

---

† D.M.Hayes, *Cancer*, 14, 1301–1305 (1961).

表 10.5

月	1	2	3	4	5	6	7	8	9	10	11	12	計
頻度	23	21	15	20	14	8	11	11	14	17	10	20	184

10.2 サクラソウの交配実験について，表 10.6 のような結果が報告されている[†]．

表 10.6

葉の形状	平らな葉		縮れた葉		計
眼紋の型	正常	PQ 眼紋	Lee 眼紋	PQ 眼紋	
頻度	328	122	77	33	560

4 個の階級は $9 : 3 : 3 : 1$ の比で現れるとしてよいか．有意水準 5% で検定せよ．

10.3 2 枚の硬貨を 100 回投げる実験の結果，(表, 表) が 22 回，(表, 裏) が 56 回，(裏, 裏) が 22 回であった（1.1.1 項）．

(1) 「(表, 表), (表, 裏), (裏, 裏) が $1 : 2 : 1$ の比で出る」を帰無仮説として仮説検定せよ．

(2) 「(表, 表), (表, 裏), (裏, 裏) が $1 : 1 : 1$ の比で出る」を帰無仮説として仮説検定せよ．

ただし，有意水準は 5% とする．

10.4 定理 10.1 において $r = 2$ の場合を考える．式 (10.9), (10.10) は

$$p_1 + p_2 = 1, \quad X_1 + X_2 = N \tag{10.24}$$

となり，これを用いると，式 (10.11) で定義される χ^2 は

$$\chi^2 = \frac{(X_1 - Np_1)^2}{Np_1} + \frac{(X_2 - Np_2)^2}{Np_2} = \frac{(X_1 - Np_1)^2}{Np_1(1 - p_1)} \tag{10.25}$$

となることを示せ．

† R.P. Gregor, D. de Winton, W. Bateson, *Journal of Genetics*, 13, 219–253 (1923).

第 11 章
正規母集団の検定

多くの要因がからむ複雑な確率現象の場合，正規分布すると考えられる量がしばしば現れる．この章では，母集団が正規分布に従うことを仮定して，正規分布の平均（期待値）を統計データから推定する方法を学ぶ．

11.1 透析患者の検査データ

■11.1.1 検査データの比較

┌─ ミッション 11.1 … 透析患者と健常者の IgG 値 ─

透析患者の免疫グロブリンの一つである IgG の濃度が健常者に比べて高いかどうか調べるために，40 歳代男性の透析患者 9 名，同年代の病院職員の健常者 7 名の IgG 値 (mg/100mL) を測定し，表 11.1 の結果を得た[†]．

表 11.1 透析患者と健常者の IgG 値

透析患者	1326	1418	1820	1516	1635	1720	1580	1452	1600
健常者	1220	1080	980	1420	1170	1290	1116		

透析患者の IgG 値は健常者より高いといえるだろうか．

統計データに基づく検定・推定は，統計データが従う確率分布の母数を知ることを目的とする．第 8, 9 章では，A が勝つ確率や番組を見ている割合を p として，検定・推定の理論が作られている．また，第 10 章の適合度検定は，エンドウ豆の 4 個の表現型の出現確率が $9 : 3 : 3 : 1$ であるという仮定に基づいている．表 11.1 の場合，透析患者と健常者の検査数値がそれぞれどのような確率分布に従っているのか，適当な仮定が必要である．そこで，検査数値は正規分布に従うとして，正規分布の平均（期待値）についての推定・検定を行うことを考えよう．その前に少し準備をする．

[†] H. Nakauchi, K. Okumura, T. Tango, *The New England Journal of Medicine*, 305, 172–173 (1981).

■11.1.2 検査データと母集団

表 11.1 の 9 名の透析患者の検査データを平均すると

$$\bar{x} = \frac{1}{9}(1326 + 1418 + 1820 + 1516 + 1635 + 1720 + 1580 + 1452 + 1600)$$
$$= 1563 \tag{11.1}$$

となり，7 名の健常者の検査データを平均すると

$$\bar{y} = \frac{1}{7}(1220 + 1080 + 980 + 1420 + 1170 + 1290 + 1116)$$
$$= 1182 \tag{11.2}$$

となる．したがって，表 11.1 の検査データについては，

> 透析患者の IgG 値は 1563 程度である
> 健常者の IgG 値は 1182 程度である
> 透析患者は健常者より IgG 値が高い

といえる．しかしこのことからただちに，一般の透析患者・健常者についての事実が導かれるわけではない．つまり，「表 11.1 の透析患者（健常者）の IgG 値」と「一般の透析患者（健常者）の IgG 値」を区別しなければならない．そこで，

$$\Omega_X = 一般の透析患者全体が作る母集団$$
$$\Omega_Y = 一般の健常者全体が作る母集団$$

を考え，

表 11.1 の透析患者は，Ω_X の無作為標本である
表 11.1 の健常者は，Ω_Y の無作為標本である

とみなす．

　これらの母集団について，あとで必要になる記号などを定めよう．母集団 Ω_X から一つの成員を無作為抽出したとき，その成員について実験・検査を行った結果得られる測定値を x とする．母集団から成員を選ぶ手続きが無作為抽出であるため，x はある確率変数 X の実現値であると考える．このとき，X の平均（期待値）を μ_X，分散を σ_X^2 とする．

$$\mu_X = E(X) \tag{11.3}$$

$$\sigma_X^2 = V(X) = E((X - \mu_X)^2) \tag{11.4}$$

$E(\cdots)$ は X が従う確率分布による期待値である. μ_X を**母平均**, σ_X^2 を**母分散**という. このとき, 考え方 5.3(1) の関係式

$$V(X) = E(X^2) - (E(X))^2$$

から, 次の等式が得られる.

$$E(X^2) = \mu_X^2 + \sigma_X^2$$

同様に, 母集団 Ω_Y の母平均を μ_Y, 母分散を σ_Y^2 とする.

問題は, 表 11.1 の結果から μ_X, μ_Y についてどのようなことがいえるかである. そのために, 11.2 節で X, Y が従う確率分布は正規分布であると仮定するが, 11.1 節では, X, Y が従う確率分布は何でもよいということにしておく.

■11.1.3　反復試行の確率モデル

母平均 μ_X, μ_Y など, 母集団の母数を推定するために, 母集団の無作為標本を用いる.

母集団 Ω_X から大きさ n の標本を無作為抽出し, 標本の各成員について実験・検査を行って得られた測定（データ）を $x_1, x_2, \ldots, x_n$ とする. このとき $x_1, x_2, \ldots, x_n$ を得る行為を, 確率変数 X の値を繰り返し発生させる反復試行とみなし, $x_1, x_2, \ldots, x_n$ は確率変数 $X_1, X_2, \ldots, X_n$ の実現値であるとする（10.4 節）. ここで, 理想的な反復試行の性質として, 10.4 節における〈反復試行の確率モデル〉と同じ仮定をおく.

〈反復試行の確率モデル〉　(1) 各 X_j は X と同じ確率分布をもつ.

(2) $X_1, X_2, \ldots, X_n$ は互いに独立である.

〈反復試行の確率モデル〉のもとで, 次のことが成立する.

$$E(X_j) = E(X) = \mu_X \tag{11.5}$$

$$E(X_j^2) = E(X^2) = \mu_X^2 + \sigma_X^2 \tag{11.6}$$

$$E(X_j X_k) = E(X_j)E(X_k) = \mu_X^2 \quad (j \neq k) \tag{11.7}$$

式 (11.7) は考え方 5.2 による.

■11.1.4 標本平均と標本分散

11.1.3 項の記号を用いる.

検査数値の平均 (11.1)を一般化して，測定値 $x_1, x_2, \ldots, x_n$ の平均

$$\frac{1}{n}\sum_{j=1}^{n} x_j \tag{11.8}$$

を標本平均 (sample mean) という．この値は

$$\bar{X} = \frac{1}{n}\sum_{j=1}^{n} X_j \tag{11.9}$$

で定義される確率変数 $\bar{X}$ の実現値である．また，$x_1, x_2, \ldots, x_n$ の分散

$$\frac{1}{n}\sum_{j=1}^{n} (x_j - \bar{x})^2 \tag{11.10}$$

を標本分散 (sample variance) という．この値は

$$S_X^2 = \frac{1}{n}\sum_{j=1}^{n} (X_j - \bar{X})^2 \tag{11.11}$$

で定義される確率変数 S_X^2 の実現値である．$\bar{X}$ を**標本平均**，S_X^2 を**標本分散**ということもある．$\bar{X}, S_X^2$ のように，$X_1, X_2, \ldots, X_n$ を用いて定義される確率変数を**統計量** (statistic) という．

▶ **注意 11.1** 標本平均は標本（統計データ）から計算される量であり，母平均は母集団の性質を表す（未知の）母数の一つである．近代的な統計学が作られる以前は，標本平均と母平均の区別があいまいにされていたといわれている．この区別をはっきりさせることは大切である．標本分散と母分散についても同様のことがいえる.

▌ **例 11.1** ▬▬▬▬▬▬▬▬▬▬▬▬▬▬▬▬▬▬▬▬▬▬▬▬▬▬

表 11.1 の透析患者の検査数値 X の場合，$\bar{X}, S_X^2$ の実現値は

$$\bar{X} = 1563, \quad S_X^2 = 21029$$

である．X の実現値（表 11.1 の 9 個の数値）は，$\bar{X} = 1563$ を中心に散らばっており，散らばりの幅としては $\pm S_X = \pm 145$ を目安にすることができる（図 11.1（上））.

また，健常者の検査数値 Y の場合，$\bar{Y}, S_Y^2$ の実現値は

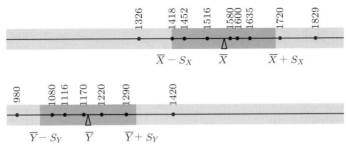

図 11.1　標本平均と標本分散

$$\bar{Y} = 1182, \quad S_Y^2 = 18587$$

である．Y の実現値（表11.1の7個の数値）は，$\bar{Y} = 1182$ を中心に散らばっており，散らばりの幅としては $\pm S_Y = \pm 136$ を目安にすることができる（図11.1（下））．

$\bar{X}, S_X^2$ は確率変数であるから，期待値を考えることができる．式 (11.5)〜(11.7) を用いると，$\bar{X}$ の期待値と分散，および S_X^2 の期待値は，

$$E(\bar{X}) = \mu_X \tag{11.12}$$

$$V(\bar{X}) = \frac{1}{n}\sigma_X^2 \tag{11.13}$$

$$E(S_X^2) = \frac{n-1}{n}\sigma_X^2 \tag{11.14}$$

となる（章末問題11.1）．

■11.1.5　母平均と母分散の推定量

　それでは，標本を用いて母平均 μ_X を推定することを考えよう．式 (11.12)により，$\bar{X}$ はその期待値 μ_X の周辺で揺らぐので，μ_X の推定量として標本平均 $\bar{X}$ がふさわしいと思われる．式 (11.13)により，n が大きいとき，$\bar{X}$ の揺らぎが小さいことに注意しよう．μ_X の推定量として標本平均 $\bar{X}$ を採用することは，9.2.1項において，視聴率（母数）p の推定量として $\frac{X}{n}$ を採用したことに相当する．

　他方，式 (11.14)を見ると，母分散 σ_X^2 の推定量として S_X^2 はふさわしくないように見える．なぜなら，S_X^2 の期待値は σ_X^2 に一致しないからである．そこで，

$$s_X^2 = \frac{n}{n-1}S_X^2 = \frac{1}{n-1}\sum_{j=1}^{n}(X_j - \bar{X})^2$$

とおくと，

$$E(s_X^2) = \sigma_X^2 \tag{11.15}$$

が成り立つので，母分散 σ_X^2 の推定量として s_X^2 を用いることが考えられる．s_X^2 を**不偏分散** (unbiased variance) という．

式 (11.12), (11.15) のように，（母数の値にかかわらず）推定量の期待値が母数に一致するとき，その推定量は**不偏推定量** (unbiased estimator) であるという．

11.2 正規母集団

11.2.1 正規母集団の仮定

一つの母集団 Ω を考え，11.1.3 項のように，Ω から無作為抽出した成員の性質を表す確率変数を X とする．また，Ω から大きさ n の標本を無作為抽出し，標本の各成員の性質を表す確率変数を $X_1, X_2, \ldots, X_n$ とする．これらの確率変数は〈反復試行の確率モデル〉（11.1.3 項）に規定された性質をもつとする．

以下において，X の確率分布を「Ω の確率分布」といい，$X_1, X_2, \ldots, X_n$ を「Ω の無作為標本」ということにする．これは幾分正確さを欠く表現だが，Ω の成員について確率変数 X で表される性質しか問題にしないので，混乱は生じないだろう．

さて，母集団 Ω の確率分布について，次のように仮定する．

> 〈正規母集団の仮定〉　母集団 Ω は，平均 μ_X，分散 σ_X^2 の正規分布 $N(\mu_X, \sigma_X^2)$ に従う．

本来，上記の仮定は確率変数 X の性質を規定しているのだが，これを母集団 Ω 自体の性質とみなして，「Ω は**正規母集団**である」という．

11.2.2 t 分布

〈反復試行の確率モデル〉（11.1.3 項），〈正規母集団の仮定〉（11.2.1 項）のもとで，次の定理が成り立つ．11.2.3 項で，この定理を用いて，正規母集団 Ω の母平均 μ_X について推定を行う．

定理 11.1　正規母集団 Ω の無作為標本に対し，

$$t = \frac{\bar{X} - \mu_X}{\frac{1}{\sqrt{n}} s_X} \tag{11.16}$$

で定義される統計量 t は，自由度 $n-1$ の t 分布に従う．

μ_X と n は定数だが，$\bar{X}, s_X$ は統計量であるから，t も統計量である．

統計量 t と t 分布について少し説明をする．まず，式 (11.12), (11.13)より，

$$Z = \frac{\bar{X} - \mu_X}{\frac{1}{\sqrt{n}}\sigma_X}$$

で定義される確率変数 Z の期待値は 0，分散は 1 であり，Z は $\bar{X}$ の標準化である（6.2.2 項）．ここで，右辺の σ_X（未知の母数）を不偏分散 s_X（データから決まる統計量）で置き換えると，式 (11.16)の右辺になる．

また，Z が標準正規分布 $\mathrm{N}(0,1)$ に従い，W が自由度 ν の χ^2 分布に従い，W と Z が独立であるとき，確率変数 $\dfrac{Z}{\sqrt{\frac{1}{\nu}W}}$ が従う分布を**自由度 ν の t 分布**（t distribution

with ν degrees of freedom）という．自由度 ν の t 分布の密度関数は

$$f_\nu(x) = c_\nu \left(1 + \frac{x^2}{\nu}\right)^{-(\nu+1)/2} \tag{11.17}$$

で与えられる（図 11.2）．c_ν は，

$$\int_{-\infty}^{\infty} f_\nu(x)dx = 1 \tag{11.18}$$

を満たすように選ばれた規格化定数である．自由度 ν が大きいとき，t 分布は標準正規分布 $\mathrm{N}(0,1)$ で近似できる．

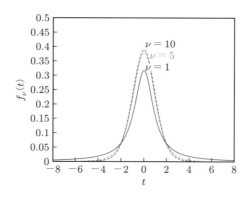

図 11.2　t 分布の密度関数 f_ν

t 分布は任意の自然数 ν に対して定義される．すなわち，t 分布の理論は小さい標本にも適用できる．ただし，母集団が正規分布するという仮定を必要とする．

■ 11.2.3 母平均の信頼区間

定理 11.1 を用いると，母平均 μ_X の信頼区間を作ることができる．

▌例 11.2

表 11.1 の透析患者のデータの場合，自由度は $n - 1 = 9 - 1 = 8$ であり，t 分布表（付表 3）より，自由度 8 の t 分布では，確率 0.95 で

$$|t| \leq 2.306$$

が成り立つ．表 11.1 の透析患者の検査数値の場合，$\bar{X}, s_X^2$ の実現値は

$$\bar{X} = 1563$$
$$s_X^2 = 23658$$

である．よって，μ_X の信頼区間は，信頼係数を 0.95 として，

$$\left| \frac{1563 - \mu_X}{\dfrac{1}{\sqrt{9}}\sqrt{23658}} \right| \leq 2.306 \tag{11.19}$$

より

$$1445 \leq \mu_X \leq 1681 \tag{11.20}$$

である．

同様に，健常者の検査数値 Y の場合，$\bar{Y}, s_Y^2$ の実現値は

$$\bar{Y} = 1182$$
$$s_Y^2 = 20910$$

であるから，母平均 μ_Y の信頼区間は，信頼係数を 0.95 として，

$$1048 \leq \mu_Y \leq 1316 \tag{11.21}$$

となる（図 11.3）（章末問題 11.2）．

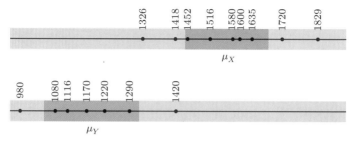

図 11.3　信頼区間

信頼区間 (11.20)と (11.21)には共通部分がない．したがって，μ_X と μ_Y が等しいことはありそうもないと思われる．しかしこのようにして母平均を比較すると，区間推定を 2 回行うことになるので，信頼係数の解釈に注意を要する．というのは，区間推定と仮説検定は本質的に同じであり（9.5 節），仮説検定を 2 回行うと有意水準が変わるからである（10.3 節）．

11.3 節で，母平均 μ_X と μ_Y が等しいかどうかを，1 回の仮説検定で判断する方法を考える．

11.3　母平均の比較　*One more !*

透析患者と健常者の検査数値を比較することを想定して，一般に 2 個の正規母集団の母平均を比較するための仮説検定を考える．

母集団 Ω_X, Ω_Y から，それぞれ無作為抽出した成員の性質を表す確率変数を X, Y とし，次の仮定をおく．

〈独立な正規母集団の仮定〉

(1) Ω_X は，平均 μ_X，分散 σ_X^2 の正規分布 $\mathrm{N}(\mu_X, \sigma_X^2)$ に従う．

(2) Ω_Y は，平均 μ_Y，分散 σ_Y^2 の正規分布 $\mathrm{N}(\mu_Y, \sigma_Y^2)$ に従う．

(3) X, Y は独立である．

Ω_X の無作為標本を $X_1, X_2, \ldots, X_n$ とし，Ω_Y の無作為標本を $Y_1, Y_2, \ldots, Y_m$ とする．また，対応する標本平均を $\bar{X}, \bar{Y}$ とし，不偏分散を s_X^2, s_Y^2 とする．

このとき，

$$c = \frac{(n-1)s_X^2 + (m-1)s_Y^2}{n+m-2} \left(\frac{1}{n} + \frac{1}{m} \right) \tag{11.22}$$

とおき

$$t = \frac{\bar{X} - \bar{Y}}{\sqrt{c}} \tag{11.23}$$

で定義される統計量を考える.

定理 11.2 〈独立な正規母集団の仮定〉のもとで,式 (11.23)で定義される統計量 t を考える.もしも

$$\sigma_X^2 = \sigma_Y^2, \quad \mu_X = \mu_Y \tag{11.24}$$

ならば,t は自由度 $n+m-2$ の t 分布に従う.

この定理を用いると,仮定

$$\sigma_X^2 = \sigma_Y^2 \tag{11.25}$$

のもとで,帰無仮説「$\mu_X = \mu_Y$」の検定をすることができる.

例 11.3

表 11.1 の透析患者の検査数値の場合,$\bar{X}, s_X^2$ の実現値は

$$\bar{X} = 1563$$
$$s_X^2 = 23658$$

であり,健常者の検査数値の場合,$\bar{Y}, s_Y^2$ の実現値は

$$\bar{Y} = 1182$$
$$s_Y^2 = 20910$$

であるから,c, t の実現値は

$$c = 5709 \tag{11.26}$$
$$t = 5.04 \tag{11.27}$$

である.t 分布表(付表 3)より,自由度 $9+7-2 = 14$ の t 分布では,

$$|t| > 2.145 \tag{11.28}$$

となる確率は 0.05 である. そこで, 式 (11.28) を棄却域とする. t の実現値 5.04 は棄却域に属するので, (もしも $\sigma_X^2 = \sigma_Y^2$ ならば) 帰無仮説「$\mu_X = \mu_Y$」は有意水準 5% で棄却となる.

このような検定法を**等平均の検定**という. この検定法は, 等分散の仮定 $\sigma_X^2 = \sigma_Y^2$ のもとで行われる. 等分散の仮定が満たされるかどうかを調べる方法として, F 分布を用いる検定法がある. また, 「Welch の方法」とよばれる検定法を用いると, 等分散の仮定が満たされるか否かに関わらず, 等平均の検定を行うことができる.

Column 最強のサイコロはどれ？

サイコロ A,B,C,D がある. A は 4 個の面に 4 が, 2 個の面に 0 が書かれており, B はすべての面に 3 が書かれており, C は 4 個の面に 2 が, 2 個の面に 6 が書かれており, D は 3 個の面に 5 が, 3 個の面に 1 が書かれている.

サイコロをどれか一つ選んでください. 私も一つ選びます.

サイコロを投げて, 大きい数字を出したほうが勝ちです.

A は B に確率 $\dfrac{2}{3}$ で勝つ. 同様に, B は C に, C は D に, D は A に, 確率 $\dfrac{2}{3}$ で勝つ. さて最強のサイコロはどれ？

章末問題

11.1 式 (11.12)〜(11.14) を示せ.

11.2 表 11.1 の健常者の検査数値に例 11.2 の方法を適用せよ. 信頼係数を 0.95 とすると, 母平均 μ_Y の信頼区間は式 (11.21) で与えられることを確かめよ.

11.3 表 11.2 は, ある年の 8 月前半の東京と大阪における最高気温の記録である.

表 11.2

日	東京	大阪	日	東京	大阪	日	東京	大阪
1	32.1	35.4	6	31.2	34.7	11	29.6	33.3
2	26.2	34.6	7	30.1	35.3	12	26.6	30.5
3	27.5	31.1	8	32.4	34.3	13	31.2	32.6
4	31.8	32.4	9	32.3	32.1	14	30.9	33.3
5	32.1	33.3	10	29.9	28.3	15	29.3	32.2

最高気温の差を Z とする.

$$Z = (東京の気温) - (大阪の気温)$$

Z が正規分布することを仮定して，帰無仮説「Z の母平均は 0 である」を有意水準 5% で検定せよ．

11.4 表 11.2 が，ある年の 8 月前半の東京における最高気温と，翌年の 8 月前半の大阪における最高気温の記録であるとする．

(1) 東京と大阪の気温について，母平均は等しいといえるか．有意水準 5% で検定せよ．ただし，母分散は等しいものとする．

(2) 表 11.2 が，同じ年の同じ日の東京と大阪の最高気温である場合，(1) の検定は適切か．

章末問題解答

1.1 (1) 各試行で数字が偶数である確率は, 考え方 1.1 から $\dfrac{5}{10} = \dfrac{1}{2}$ である. 4 個の数字がすべて偶数である確率は, 試行が互いに独立なので考え方 1.4 から, $\dfrac{1}{2} \times \dfrac{1}{2} \times \dfrac{1}{2} \times \dfrac{1}{2} = \dfrac{1}{16}$ である.

(2) 4 個の数字の起こりうる場合の数は 10^4 個である. そのうち 4 個の数字がすべて異なる場合の数は, 10 個の数字から 4 個の数字を選んで並べる場合の数に等しく, $10 \times 9 \times 8 \times 7$ である. よって, 4 個の数字がすべて異なる確率は, $\dfrac{10 \cdot 9 \cdot 8 \cdot 7}{10^4} = \dfrac{9 \cdot 7}{5^3} = \dfrac{63}{125}$.

(3) 4 個の数字がすべて異なり小さい順に並ぶ場合の数は, 10 個の数字から 4 個の数字を取り出す組み合わせの場合の数に等しく, $\dfrac{10 \cdot 9 \cdot 8 \cdot 7}{4 \cdot 3 \cdot 2 \cdot 1} = 10 \cdot 3 \cdot 7$ である. よって, 求める確率は $\dfrac{10 \cdot 3 \cdot 7}{10^4} = \dfrac{21}{1000}$ である.

1.2 サイコロを 1 回振って 6 以外の目が出る確率は $\dfrac{5}{6}$ であり, サイコロを 4 回振る操作は独立なので, 「4 回とも 6 以外の目が出る確率」は $\left(\dfrac{5}{6} \right)^4$ である. よって, 「少なくとも 1 回は 6 の目が出る確率」は,

$$1 - \left(\frac{5}{6} \right)^4 = 0.51774\cdots \left(> \frac{1}{2} \right)$$

と求められる.

(2) も同様に考えて, 少なくとも 1 回 $(6, 6)$ の目が出る確率だから,

$$1 - \left(\frac{35}{36} \right)^{24} = 0.49140\cdots \left(< \frac{1}{2} \right)$$

となる.

差はごくわずかだが, 確かに (1) は勝ちやすく, (2) は負けやすい.

1.3 起こりうる場合の数は $\dfrac{52 \cdot 51 \cdot 50 \cdot 49 \cdot 48}{5 \cdot 4 \cdot 3 \cdot 2 \cdot 1}$ である. 「同じ数字のカードが 2 枚以上ある」事象の余事象は「5 枚の数字がすべて異なる」事象である. その場合の数は, 「1 から 13 までの数字から五つの数を選ぶ組み合わせの数」と「5 枚のカードのスートの選び方の数」の積なので, $\dfrac{13 \cdot 12 \cdot 11 \cdot 10 \cdot 9}{5 \cdot 4 \cdot 3 \cdot 2 \cdot 1} \times 4^5$ である. 以上から求める確率は,

$$1 - \frac{13 \cdot 12 \cdot 11 \cdot 10 \cdot 9}{5 \cdot 4 \cdot 3 \cdot 2 \cdot 1} \times 4^5 \times \frac{5 \cdot 4 \cdot 3 \cdot 2 \cdot 1}{52 \cdot 51 \cdot 50 \cdot 49 \cdot 48} = \frac{2053}{4165} \approx 0.4929 \cdots$$

である.

1.4 まずは具体的な n について考えてみよう.

$n = 1$ の場合, 同じ誕生日の異なる人は存在しえないので, 確率は 0.

$n = 2$ の場合, 1 月 1 日を 1/1 などと書けば, $(1/1, 1/1)$ から $(12/31, 12/31)$ までの 365^2 通りの場合が存在し, それらがすべて同じ確率 $\frac{1}{365^2}$ である. そのうち, 同じ誕生日となるのは 365 通り. よって, 求める確率は $\frac{1}{365}$ である.

$3 \leq n \leq 365$ の場合は, 余事象を考える. 1 人目の誕生日が 365 通り, 2 人目が 364 通り, n 人目は $365 - n + 1$ 通りなので, 異なる誕生日の組は $365 \cdot 364 \cdots (365 - n + 1) = \dfrac{365!}{(365 - n)!}$ 通り存在する. よって, 誕生日が同じ人のいる確率は

$$1 - \frac{365!}{(365 - n)!} \cdot \frac{1}{365^n}$$

である. 適当な n について試行錯誤して計算すれば, この値は, $n = 22$ のとき $0.475\cdots$, $n = 23$ のとき $0.507\cdots$ である[†]. よって, 23 人が答えである.

解図 1.1 は横軸に人数, 縦軸に同じ誕生日の人がいる確率をとったグラフである.

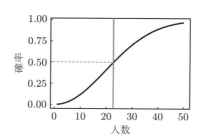

解図 1.1 同じ誕生日の人がいる確率

1.5 直感的には確率 $\dfrac{1}{10}$ ならば 10 回のうち 1 回くらいは当たるだろう, 1 回も当たらない確率は低いだろう, と考えてしまいがちである. 実際の確率を計算してみよう.

アイテムが出る確率は $\dfrac{1}{n}$ であるとして, 各回にアイテムが出る確率は独立であると仮定する. 1 回のスロットでアイテムが出ない確率は $1 - \dfrac{1}{n}$ である. n 回のスロットは独立なので, n 回ともアイテムが出ない確率は $\left(1 - \dfrac{1}{n}\right)^n$ である. よって, n 回以内に出る確率は,

---

[†] 高機能な電卓や検索エンジンなどで, `1-365!/(365-22)!/365^(22)` と入力してみよう. a/b は $\dfrac{a}{b}$ を, a^b は a の b 乗を表す.

$1 - \left(1 - \dfrac{1}{n}\right)^n$ である. $n = 10$ では約 0.65, $n = 100$ では約 0.634, $n = 1000$ では約 0.632 である.

$1 - \left(1 - \dfrac{1}{n}\right)^n$ のグラフは解図 1.2 のようになる.

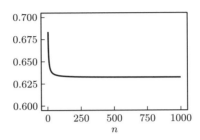

解図 1.2 $1 - (1 - 1/n)^n$ のグラフ

$1 - \left(1 - \dfrac{1}{n}\right)^n$ は $n \to \infty$ で $1 - \dfrac{1}{e}$ ($\approx 1 - 0.37 = 0.63$) に収束する. そのことは,

$$\lim_{n \to \infty} \left(1 - \frac{1}{n}\right)^n = \lim_{n \to \infty} \frac{1}{\left(1 + \dfrac{1}{n-1}\right)^{n-1}} \cdot \frac{1}{1 + \dfrac{1}{n-1}} = \frac{1}{e} \approx 0.37$$

であることからわかる（3.5 節参照）. この 37% という数字はさまざまな場所で出てくる.

1.6　問いに示された戦略で最善の応募者を採用できる確率を $p(r)$ とする. この $p(r)$ を求めて, それが最大となるような r を求めよう.

最善の応募者が k 番目に面接されるとする. k は $1, 2, \ldots, n$ のどれかであり, 同様に確からしいので, それぞれの確率は $\dfrac{1}{n}$ である. $k = 1, 2, 3, \ldots, r$ のときは最善の応募者は採用できない. $k = r+1, r+2, \ldots, n$ とする. $k-1$ 番目までの人の中で最高の相対順位の人が r 番目までにいるときに, 最善の応募者を採用できる. その確率は $\dfrac{r}{k-1}$ である. よって, 最善の応募者を採用できる確率は,

$$p(r) = \sum_{k=r+1}^{n} \frac{1}{n} \cdot \frac{r}{k-1}$$

である. $p(r)$ を最大にする r を求めよう. 計算機を用いてもよいが, n が大きいときとして, 近似的に求める. $x = \dfrac{r}{n}$ として, 区分求積法（5.3 節参照）より,

$$p(r) = \sum_{k=r+1}^{n} \frac{x}{\dfrac{k-1}{n}} \cdot \frac{1}{n} \to \int_x^1 \frac{x}{t} dt = -x \log x$$

$f(x) = -x \log x$ が最大となるような x は,$f'(x) = -\log x - 1 = 0$ を解いて,$x = \dfrac{1}{e}$. つまり,$r = \dfrac{n}{e}$ のとき $p(r)$ は最大となる.そして,最善の応募者を選択できる確率は,$f(e^{-1}) = \dfrac{1}{e}$ である.

$\dfrac{1}{e} = 0.3678\cdots$ なので,「最初の約 37% の人は落として,その後それまでの応募者の中でもっともよければ採用する」という戦略が,最善の応募者を選択できる確率をもっとも高くする.その確率も,約 37% と決して低くはない.

第 2 章

2.1 　A, B, C をそれぞれ 1,2,3 番目にくじを引く人がリーダーとなる事象とする.もちろん $P(A) = \dfrac{1}{3}$ である.

2 番目の人がリーダーとなる確率を求めるには,1 番目の人のくじに印がついているかどうかによって分けて,式 (2.1) を使う.印がついたくじは 1 本だけなので $P(B|A) = 0$ である.1 番目の人のくじには印がついていないときは,2 本のくじのうち 1 本のくじに印がついている.よって,$P(B|A^c) = \dfrac{1}{2}$ である.これより,

$$P(B) = P(A)P(B|A) + P(A^c)P(B|A^c) = \frac{2}{3} \cdot \frac{1}{2} = \frac{1}{3}$$

である.

3 番目の人がリーダーとなる確率は,1,2 番目の人がリーダーとならない確率なので,

$$P(C) = 1 - P(C^c) = 1 - P(A \cup B) = 1 - (P(A) + P(B)) = \frac{1}{3}$$

である.

以上から,くじ引きで当たる確率は順番によらないことがわかる.

2.2 　あるメールに対し迷惑メールであるという事象を A,"ff0000" という文字が含まれる事象を B とする.$P(A) = 0.1, P(B|A) = 0.01, P(B|A^c) = 0.0001$ である.よって,

$$P(B) = P(A \cap B) + P(A^c \cap B) = P(A)P(B|A) + P(A^c)P(B|A^c)$$
$$= 0.1 \cdot 0.01 + 0.9 \cdot 0.0001 = 0.00109$$

より,

$$P(A|B) = \frac{P(A \cap B)}{P(B)} = \frac{0.001}{0.00109} = \frac{100}{109} \approx 0.9174\cdots$$

である.

2.3 　取り出した個体が感染しているという事象を A,検査結果が陽性であるという事象を B とする.求めたいのは $P(A|B)$ であり,解図 2.1 において青色で描かれている部分のうち,病原菌がいる場合の部分の割合である(見やすさのため,B と B でない比率を少し変えて描

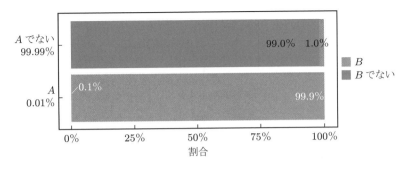

解図 2.1 偽陽性の問題

いてある).

条件より $P(A) = 10^{-4}$, $P(\overline{B}|A) = 10^{-3}$, $P(B|\overline{A}) = 10^{-2}$ である. よって,

$$P(A \cap B) = P(A)P(B|A) = 10^{-4} \times (1 - 10^{-3}),$$
$$P(\overline{A} \cap B) = P(\overline{A})P(B|\overline{A}) = (1 - 10^{-4}) \times 10^{-2},$$
$$P(B) = P(A \cap B) + P(\overline{A} \cap B) = 10^{-2} + 10^{-4} - 10^{-6} - 10^{-7},$$
$$P(A|B) = \frac{10^{-4} - 10^{-7}}{10^{-2} + 10^{-4} - 10^{-6} - 10^{-7}} \approx 10^{-2}$$

となるから, 答えは約 1% である.

感染者を正しく陽性と判定する確率は 99.9% なので, 検査の精度は高いように見える. しかし, 検査結果が陽性だったときに, 感染している確率はわずか 1% しかない. これは, 感染していない人がとても多いため, 偽陽性という誤判定が発生しやすいからである.

一方, 検査をしなければ, ある人が感染している確率は 0.01% であるというしかないが, 検査の結果が陽性であれば, その人が感染している確率は 1% になる. やはり検査をすることには意味があり, より精密な (もしかしたら高額な) 検査を受ける必要があるかもしれない.

2.4 ある子供が男であるか女であるかは確率 $\frac{1}{2}$ ずつであり, 異なる子供の性別は独立であるとしよう.

(1) の場合. 2 人の子供の性別は (男, 男),(男, 女),(女, 男),(女, 女) の 4 通りで, これらが同様に確からしい. 「少なくとも 1 人は男」という状態は, (女, 女) を除く 3 通りである. その中で女の子供がいる状態は 2 通りなので, この家に女の子がいる確率は $\frac{2}{3}$ である.

(2) の場合. 顔を出した子供の性別に関係なく, もう 1 人の子供が女の子である確率は $\frac{1}{2}$ である.

(2) では "顔を出した子供" と "もう 1 人の子供" の区別ができるが, (1) ではそのような区別ができない.

第3章

3.1 一般に，確率変数を何らかの関数で変換した変数も確率変数になる．

$X = 1, 2, 3, 4, 5, 6$ に対応して，Y は $\dfrac{5}{2}, \dfrac{3}{2}, \dfrac{1}{2}, \dfrac{1}{2}, \dfrac{3}{2}, \dfrac{5}{2}$ の値をとる．よって，

$$f(y) = \begin{cases} \dfrac{1}{3} & \left(y = \dfrac{1}{2}\right) \\[2mm] \dfrac{1}{3} & \left(y = \dfrac{3}{2}\right) \\[2mm] \dfrac{1}{3} & \left(y = \dfrac{5}{2}\right) \end{cases}$$

である．

3.2 U がとりうる値の集合は $[0,1]$ なので，X がとりうる値は $1, 2, 3, 4, 5, 6, 7$ である．$X = 1 \iff 0 \leq U < \dfrac{1}{6}$ より，

$$P(X = 1) = P\left(0 \leq U < \dfrac{1}{6}\right) = \dfrac{1}{6}$$

である．同様にして，$k = 1, 2, 3, 4, 5, 6$ に対し，

$$P(X = k) = P\left(\dfrac{k-1}{6} \leq U < \dfrac{k}{6}\right) = \dfrac{1}{6}$$

となる．また，$P(X = 7) = P(U = 1) = 0$ である．

3.3 (1) $x < 1$ に対しては $F(x) = \displaystyle\int_{-\infty}^{x} 0 \, dt = 0$ である．$x \geq 1$ に対しては $F(x) = \displaystyle\int_{1}^{x} t^{-2} dt = [-t^{-1}]_1^x = 1 - \dfrac{1}{x}$ である．$f(x) \geq 0$ かつ $\displaystyle\int_{-\infty}^{\infty} f(x) dx = [-x^{-1}]_1^\infty = 1$ であるから，密度関数がもつべき性質を満たしている．

(2) $F(x)$ は微分可能なので，$f(x) = F'(x) = \dfrac{e^{-x}}{(1 + e^{-x})^2}$ が密度関数の一つとなる．$F(x)$ は単調非減少な連続関数で，$\lim_{x \to -\infty} F(x) = 0$，$\lim_{x \to \infty} F(x) = 1$ なので，累積分布関数が満たすべき性質を満たしている．

3.4 X はパラメータ $\lambda > 0$ の指数分布に従うとする．X の累積分布関数は，式 (3.9) より，$F(t) = 1 - e^{-\lambda t}$ $(t \geq 0)$ である．式 (3.13) の左辺は，

$$P(X > t) = 1 - P(X \leq t) = 1 - (1 - e^{-\lambda t}) = e^{-\lambda t}$$

である．次に式 (3.13) の右辺を計算すると，

$$P(X > s + t \mid X > s) = \dfrac{P(X > s + t \text{ かつ } X > s)}{P(X > s)} = \dfrac{P(X > s + t)}{P(X > s)}$$

$$= \frac{e^{-\lambda(s+t)}}{e^{-\lambda s}} = e^{-\lambda t}$$

である．したがって，式 (3.13) が成立する．

3.5 X がパラメータ $p \in (0,1)$ の幾何分布に従うとする．つまり，正の整数 k に対して，$P(X = k) = (1-p)^{k-1}p$ である．式 (3.14)の左辺は，$P(X = t) = (1-p)^{t-1}p$ である．式 (3.14)の右辺は，

$$P(X = s + t \mid X > s) = \frac{P(X = s + t \text{ かつ } X > s)}{P(X > s)} = \frac{P(X = s + t)}{P(X > s)}$$

である．ここで，

$$P(X > s) = \sum_{k=s+1}^{\infty} (1-p)^{k-1}p = (1-p)^s p \frac{1}{1-(1-p)} = (1-p)^s$$

より，

$$P(X = s + t \mid X > s) = \frac{P(X = s + t)}{P(X > s)} = \frac{(1-p)^{s+t-1}p}{(1-p)^s} = (1-p)^{t-1}p$$

である．したがって，式 (3.14) が成立する．

第 4 章

4.1 Y の確率分布は解表 4.1 のようになる．

解表 4.1

y	0	100	200	300	400	500
$P(Y = y)$	$\frac{3}{18}$	$\frac{5}{18}$	$\frac{4}{18}$	$\frac{3}{18}$	$\frac{2}{18}$	$\frac{1}{18}$

Y の期待値 $E(Y)$ は次のように計算できる．

$$E(Y) = \sum_{i=0}^{5} i \times 100 \times P(Y = i \times 100)$$
$$= 0 \times \frac{3}{18} + 100 \times \frac{5}{18} + 200 \times \frac{4}{18} + 300 \times \frac{3}{18} + 400 \times \frac{2}{18} + 500 \times \frac{1}{18}$$
$$= \frac{35}{18} \cdot 100 \approx 194$$

4.2 例 4.4 の結果から，$E(X) = E(Y) = \frac{7}{2}$，$V(X) = V(Y) = \frac{35}{12}$ である．考え方 4.1 より，

$$E(X + Y) = E(X) + E(Y) = 7$$

であり，

$$E(X - Y) = E(X) + E(-Y) = E(X) - E(Y) = 0$$

である．また，X と Y は独立なので，

$$V(X + Y) = V(X) + V(Y) = \frac{35}{6}$$

である．さらに，X と Y が独立であることから，X と $-Y$ も独立である．実際，X がとりうる値 x と $-Y$ がとりうる値 $-y$ に対し，

$$P(X = x, -Y = -y) = P(X = x, Y = y)$$
$$= P(X = x)P(Y = y) = P(X = x)P(-Y = -y)$$

である．よって，

$$V(X - Y) = V(X) + V(-Y) = V(X) + V(Y) = \frac{35}{6}$$

となる．和と差の期待値は異なるが，和と差の分散は一致することに注意せよ．

4.3 $k = 1, 2, \ldots$ に対し，$P(X = k) = 2^{-k}$ であり，X はパラメータ $p = \dfrac{1}{2}$ の幾何分布に従う．よって，4.5 節の結果から，

$$E(X) = \frac{1}{p} = 2, \quad V(X) = \frac{1 - p}{p^2} = 2$$

となる[†]．

4.4 この問題は次のように考える．今，$k - 1$ 種類のメダルをもっているとして，その時点から数えて新しい種類のメダル（k 種類目のメダル）が出るまでのゲームの回数を X_k とする．また，n 種類のメダルを集めるのに必要な金額を Y 円とする．このとき，

$$Y = 100 \sum_{k=1}^{n} X_k$$

であるから，

$$E(Y) = E\left(100 \sum_{k=1}^{n} X_k\right) = 100 \sum_{k=1}^{n} E(X_k)$$

となる．Y の確率分布を求めることは難しい．しかし，Y の期待値 $E(Y)$ は，$E(X_k)$ から計算できる．

$k - 1$ 種類のメダルをもっているときに 1 回の試行で新しいメダルが出る確率は，それまでにどの種類のメダルが得られたかや，何回試行を要したかに関わらず，$1 - \dfrac{k - 1}{100}$ である．

[†] 主要な確率分布の期待値や分散は繰り返し出てくるので覚えてしまうだろうが，忘れたら目次や索引から調べて確認すればよい．ただし，試験のためには覚えておいたほうがよいかもしれない．

試行を繰り返し行ったときに新しいメダルが出るまでの回数 X_k は，パラメータ $1 - \dfrac{k-1}{100}$ の幾何分布に従う．よって，$k = 1, 2, \ldots, 100$ に対し，

$$E(X_k) = \frac{1}{1 - \dfrac{k-1}{100}}, \quad E(Y) = 100 \sum_{k=1}^{n} \frac{1}{1 - \dfrac{k-1}{100}}$$

である．$n = 50, 80, 100$ として，計算機に計算をさせると，$E(Y)$ はそれぞれだいたい

$$6881 \text{ 円}, \quad 15896 \text{ 円}, \quad 51873 \text{ 円}$$

となる†．50 種類，80 種類くらいまでを手に入れる資金と比べると，100 種類まで手に入れるにはかなり多くの資金が必要なことがわかる．

4.5 $k \geq 1$ について，k 回目で最初に表が出る確率は 2^{-k} である．表が出るまで投げた回数を X とすると，その期待値は $E(X) = \sum_{n=1}^{\infty} n \cdot 2^{-n}$ である．$S_N = \sum_{n=1}^{N} n \cdot 2^{-n}$ とおくと，

$$S_N = 1 \cdot 2^{-1} + 2 \cdot 2^{-2} + \cdots + N \cdot 2^{-N}$$
$$2^{-1} S_N = \qquad + 1 \cdot 2^{-2} + \cdots + (N-1) \cdot 2^{-N} + N \cdot 2^{-N-1}$$

より，上の式から下の式を引いて，等比数列の和の公式を使うと，

$$2^{-1} S_N = 2^{-1} \cdot \frac{1 - 2^{-N}}{1 - 2^{-1}} - N \cdot 2^{-N-1}$$

となる．これより，$E(X) = \lim_{N \to \infty} S_N = 2$ が得られる．もらえる賞金の期待値を計算しようとすると，

$$\sum_{k=1}^{\infty} 2^{k-1} \cdot 2^{-k} = \infty \tag{A4.1}$$

となり，賞金の期待値は定義されず存在しない．この問題はペテルブルグのパラドックスとして知られている．直感的には賞金の期待値が大きいようには思えないだろう．

解表 4.2 は計算機で $n = 10^3, 10^5, 10^7$ 回のシミュレーションをした結果である．投げた回数の平均は投げた回数の期待値 2 に近づく．これは大数の法則による．一方，賞金の平均は n が大きくなるにつれ，大きくなっていく．

投げた回数が有限であれば，賞金の平均も有限になる．解図 4.1 は $n = 10^5$ の場合の投げた回数のヒストグラムである（青線は投げた回数の平均を表す）．今回のシミュレーションでは投げた回数の最大は 17 回で，それより大きな回数の場合が反映されていない．シミュレーションの回数を増やすと，賞金の平均はゆっくり無限大に発散する．

---

† オイラーの定数 $\gamma \approx 0.577$ を使った近似式 $\sum_{k=1}^{N} \dfrac{1}{k} \approx \log N + \gamma$ を使っても近似計算できる．

解表 4.2　「投げた回数」と賞金の平均

n	投げた回数の平均	賞金の平均
10^3	2.043	6.05
10^5	1.996	7.554
10^7	1.9996	12.775

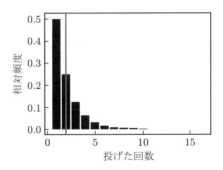

解図 4.1　$n = 10^5$ の場合の「硬貨を投げた回数」のヒストグラム

第 5 章

5.1　$f(x) \geq 0$ かつ $\displaystyle\int_{-\infty}^{\infty} f(x)dx = 1$ となる．$|x| > 1$ の範囲で $f(x) = 0$ であることから，$E(X)$ および $V(X)$ は存在する．期待値は

$$E(X) = \int_{-1}^{0} x(x+1)dx + \int_{0}^{1} x(-x+1)dx = \int_{0}^{1} (y-1)y\,dy + \int_{0}^{1} x(-x+1)dx = 0$$

である．ここで，二つの被積分関数を同じ形にして計算を楽にするため，$y = x+1$ と変数変換した．また，分散は式 (5.3) より

$$\begin{aligned}
V(X) &= \int_{-1}^{0} x^2(x+1)dx + \int_{0}^{1} x^2(-x+1)dx \\
&= \int_{1}^{0} y^2(-y+1)(-1)dy + \int_{0}^{1} x^2(-x+1)dx \\
&= 2\int_{0}^{1}(-x^3+x^2)dx = 2\left(-\frac{1}{4}+\frac{1}{3}\right) = \frac{1}{6}
\end{aligned}$$

となる．ここで，同様に，$y = -x$ と変数変換した．

5.2　$k = 1, 2, \ldots, n$ に対し，5.4 節の結果より $E(X_k) = \dfrac{1}{\lambda}$, $V(X_k) = \dfrac{1}{\lambda^2}$ である．よって，考え方 5.1 より

$$E(S_n) = \sum_{k=1}^{n} E(X_k) = \frac{n}{\lambda}$$

である．また，$\{X_k\}$ が互いに独立であることから，考え方 5.3 より，

$$V(S_n) = \sum_{k=1}^{n} V(X_k) = \frac{n}{\lambda^2}$$

である．

S_n が従う分布はアーラン分布とよばれており，その密度関数は $f(x) = \dfrac{\lambda^k}{(k-1)!}x^{k-1}e^{-\lambda x}$

$(x > 0)$ となることが知られている.

5.3 5.5 節の結果から, $E(X) = E(Y) = \dfrac{1}{2}, E(X^2) = E(Y^2) = \dfrac{1}{3}, V(X) = V(Y) = \dfrac{1}{12}$ である. 考え方 5.1 より

$$E(Z) = E(X^2 - 2XY + Y^2) = E(X^2) - 2E(XY) + E(Y^2)$$

である. X, Y は独立なので, 考え方 5.2 より,

$$E(XY) = E(X)E(Y) = \frac{1}{4}$$

である. 以上から,

$$E(Z) = \frac{1}{3} - \frac{2}{4} + \frac{1}{3} = \frac{1}{6}$$

である.

5.4 X の累積分布関数を $F(x)$ とすると,

$$F(x) = P(X \leq x) = P\left(-\frac{1}{2}\log U \leq x\right) = P(U \geq e^{-2x})$$

$$= 1 - P(U < e^{-2x}) = \begin{cases} 1 - e^{-2x} & (x \geq 0) \\ 0 & (x < 0) \end{cases}$$

である. これより, X の密度関数 $f(x)$ は, $f(x) = 2e^{-2x}$ $(x \geq 0)$ である. このことから, X はパラメータ $\lambda = 2$ の指数分布に従うことがわかる.

5.5 $g(z) = E(X^2 - 2zX + z^2) = z^2 - 2zE(X) + E(X^2) = (z - E(X))^2 + E(X^2) - E(X)^2$ より, $z = E(X)$ のとき $g(z)$ は最小値 $V(X)$ をとる.

5.6 $U = 0$ となる確率は 0 であるから, $U = 0$ の場合を無視しても, X の分布に影響を与えない. X の分布関数 $F(x)$ を求めよう.

$$F(x) = P(X \leq x) = P\left(\frac{1}{\sqrt{U}} \leq x\right) = P(U \geq x^{-2})$$

である. $x \leq 1$ のとき $F(x) = 0$ である. $x > 1$ のときは

$$F(x) = P(U \geq x^{-2}) = 1 - x^{-2}$$

となる. よって, X の密度関数 $f(x)$ は,

$$f(x) = \begin{cases} 2x^{-3} & (x > 1) \\ 0 & (x \leq 1) \end{cases}$$

となる. したがって,

$$E(X) = \int_1^\infty x \cdot 2x^{-3}dx = [-2x^{-1}]_1^\infty = 2$$

となる. しかし,

$$\int_1^\infty x^2 \cdot 2x^{-3} dx = \infty$$

より分散は存在しない（定理 5.6 のあとの注意参照）.

X の分布はパレート分布とよばれる確率分布の一種である. 元々は高額所得者の所得分布を示す分布として提案された. ほかにもネットワーク間でやり取りされるデータ容量の分布などにも使われる.

5.7　この問題では, 高いところから光をランダムに投射したり, 弾を打ったりしたときに, 地面にどのような割合で当たるのかを考えている. 確率変数は大文字で書くことが多いが, 今回の θ や b のように小文字で書くこともある. θ の密度関数は,

$$g(t) = \begin{cases} 0 & \left(|t| \geq \dfrac{\pi}{2}\right) \\ \dfrac{1}{\pi} & \left(|t| < \dfrac{\pi}{2}\right) \end{cases}$$

で与えられる. また $b = \tan\theta$ である. b の分布関数 $F(x)$ は,

$$F(x) = P(b \leq x) = P(\tan\theta \leq x) = P(\theta \leq \tan^{-1}(x))$$
$$= \int_{-\pi/2}^{\tan^{-1}(x)} \frac{1}{\pi}\, dt = \frac{1}{\pi}\left(\tan^{-1}(x) + \frac{\pi}{2}\right)$$

である. よって, b の密度関数 $f(x)$ は,

$$f(x) = F'(x) = \frac{1}{\pi(x^2+1)} \tag{A5.1}$$

である. また,

$$\int_{-\infty}^\infty |x| \frac{1}{\pi(x^2+1)} dx = \int_0^\infty \frac{2x}{\pi(x^2+1)} dx = \left[\frac{\log(x^2+1)}{\pi}\right]_0^\infty = \infty$$

より, b の期待値は存在しない. 式 (A5.1) は偶関数だから,「対称性から期待値は 0 である」といいたくなるが, 実際には期待値は存在しない.

この b の分布をコーシー分布という.

第 6 章

6.1　(1) 1 の目が出る回数は二項分布 $\mathrm{Bi}\left(1000, \dfrac{1}{6}\right)$ に従うことから, 求める値は

$\sum_{k=160}^{170} \dfrac{1000!}{k!(1000-k)!} \dfrac{5^{1000-k}}{6^{1000}}$ である. この値を計算機により数値計算すると, $0.3571\cdots$ となる. 優秀な代数計算ソフトであればそのままの形を入力するだけで計算してくれるだろう. 汎用プログラミング言語で計算する場合には, $\dfrac{1000!}{k!(1000-k)!}$ は非

常に大きな値であり，$\dfrac{5^{1000-k}}{6^{1000}}$ が非常に小さい値であることから，それぞれの対数をとって計算をするなど工夫する必要がある．

(2) $X \sim \mathrm{Bi}\left(1000, \dfrac{1}{6}\right)$ であるので，$E(X) = \dfrac{1000}{6}$，$V(X) = \dfrac{5000}{36}$ である．求める値は

$$P(160 \leq X \leq 170) = P\left(\frac{160 - \dfrac{1000}{6}}{\sqrt{\dfrac{5000}{36}}} \leq \frac{X - \dfrac{1000}{6}}{\sqrt{\dfrac{5000}{36}}} \leq \frac{170 - \dfrac{1000}{6}}{\sqrt{\dfrac{5000}{36}}} \right)$$

である．X を標準化した確率変数 $\dfrac{X - \dfrac{1000}{6}}{\sqrt{\dfrac{5000}{36}}}$ の分布は，$Z \sim \mathrm{N}(0,1)$ の分布にほぼ等しい．求める値の近似値は，半数補正を加えることで，

$$P\left(\frac{160 - \dfrac{1}{2} - \dfrac{1000}{6}}{\sqrt{\dfrac{5000}{36}}} \leq Z \leq \frac{170 + \dfrac{1}{2} - \dfrac{1000}{6}}{\sqrt{\dfrac{5000}{36}}} \right) \tag{A6.1}$$

である．ここで，

$$\frac{160 - \dfrac{1}{2} - \dfrac{1000}{6}}{\sqrt{\dfrac{5000}{36}}} = -0.6081\cdots, \quad \frac{170 + \dfrac{1}{2} - \dfrac{1000}{6}}{\sqrt{\dfrac{5000}{36}}} = 0.3252\cdots$$

である．標準正規分布表から，

$$\Phi(0.61) = 0.229, \quad \Phi(0.33) = 0.129$$

なので，求める値の近似値として，$0.229 + 0.129 = 0.358$ が得られる．この計算には，正規分布で近似することによる誤差と，標準正規分布表を使うことによる誤差の両方の誤差が含まれている．標準正規分布表を使わずに式 (A6.1) の値を数値計算で求めると，$0.3559\cdots$ となる．

n が大きくなると二項分布 $\mathrm{Bi}(n,p)$ の正規分布近似による誤差は小さくなる．同じ n であれば，p が $\dfrac{1}{2}$ に近いほど誤差は小さい．

6.2 (1) $n = 10000$ 人が独立に確率 $p = 0.01$ で病気に罹っていると仮定する．n 人のうち病気に罹っている人数を X とすれば，$X \sim \mathrm{Bi}(n,p)$ となり，$E(X) = np = 100$，$V(X) = np(1-p) = 99$ より，$\sigma(X) = \sqrt{99} \approx 10$ となる．よって，3 シグマ区間はだいたい $[70, 130]$ くらいである．

(2) $n = 50$ 人が独立に確率 $p = 0.01$ で病気に罹っているとすれば，病人の人数 X の期待値 $E(X)$ は $E(X) = np = 50 \cdot 0.01 = \dfrac{1}{2}$ である．X の分布は $\lambda = \dfrac{1}{2}$ のポアソン分布で近似できて，

$$P(X < 2) = P(X = 0) + P(X = 1) = e^{-\lambda} + \lambda e^{-\lambda} \approx 0.404 \cdots$$

なので，求める確率は約 0.596 となる．

6.3 2 チームの得点の合計が 49 になるまで（つまり 49 回）ゲームを行うと考える．どちらかのチームが 25 点以上とっていて，もう一方のチームは 24 点以下である．よって，A が 1 セットとる確率は，49 回のゲームで 25 点以上とる確率に等しい．$X \sim \mathrm{Bi}\left(49, \dfrac{4}{7}\right)$ とすれば，求める確率は $P(X \geq 25)$ である．$E(X) = 49 \cdot \dfrac{4}{7} = 28$, $V(X) = 49 \cdot \dfrac{4}{7} \cdot \dfrac{3}{7} = 12$, $\sigma(X) = 2\sqrt{3}$ である．$Y \sim \mathrm{N}(0,1)$ として，半数補正して正規分布で近似すると，求める確率の近似値は，

$$P\left(Y \geq \frac{25 - 28 - 0.5}{2\sqrt{3}}\right) \approx P(Y \geq -1.01) = \frac{1}{2} + \Phi(1.01) = 0.844$$

となる．

6.4 交通事故の件数 X がパラメータ $\lambda = 1.15$ のポアソン分布に従うとすれば，

$$P(X < 3) = \sum_{k=0}^{2} \frac{\lambda^k e^{-\lambda}}{k!} = e^{-\lambda} + \lambda e^{-\lambda} + \frac{\lambda^2 e^{-\lambda}}{2} = 0.8901 \cdots$$

より，$P(X \geq 3) = 0.1098 \cdots$ で，11% くらいとわかる．

6.5 $E(X) = \mu_1$, $V(X) = \sigma_1^2$, $E(Y) = \mu_2$, $V(Y) = \sigma_2^2$ なので，$E(Z) = E(X) + E(Y) = \mu_1 + \mu_2$, $V(Z) = V(X) + V(Y) = \sigma_1^2 + \sigma_2^2$ である．実は Z は正規分布 $N(\mu_1 + \mu_2, \sigma_1^2 + \sigma_2^2)$ に従うことが知られている．

6.6 $k = 0, 1, 2, \ldots$ に対し，$X + Y = k$ となるのは，$X = n$, $Y = k - n$ となる $n = 0, 1, 2, \ldots, k$ が存在するときなので，

$$P(X + Y = k) = \sum_{n=0}^{k} P(X = n) P(Y = k - n) = \sum_{n=0}^{k} \frac{\lambda^n e^{-\lambda}}{n!} \frac{\mu^{k-n} e^{-\mu}}{(k-n)!}$$

$$= \frac{1}{k!} e^{-(\lambda + \mu)} \sum_{n=0}^{k} \binom{k}{n} \lambda^n \mu^{k-n} = \frac{(\lambda + \mu)^k}{k!} e^{-(\lambda + \mu)}$$

であるから，$X + Y$ はパラメータ $\lambda + \mu$ のポアソン分布に従う．

6.7 求める確率は，

$$\frac{(6n)!}{(n!)^6} \frac{1}{6^{6n}}$$

である．スターリングの公式を使って，

$$\frac{(6n)!}{(n!)^6}\frac{1}{6^{6n}} \simeq \sqrt{2\pi 6n}\left(\frac{6n}{e}\right)^{6n}\cdot\frac{1}{(\sqrt{2\pi n})^6}\left(\frac{e}{n}\right)^{6n}\cdot\frac{1}{6^{6n}} = \frac{\sqrt{3}}{4}(\pi n)^{-5/2}$$

となる．

第7章

7.1 表または裏が連続している部分を**連** (run) という．便宜上，連続していない部分は長さ 1 の連といい，一度も硬貨を投げていない状態は長さ 0 の連ということにする．X を長さ n の連が出るまで投げる回数を表す確率変数とする（解図 7.1）．どの状態からでも n 回投げれば少なくとも 2^{-n} の確率で終了するので，注意 7.1 より $E(X)$ は存在する．

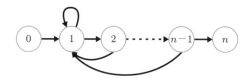

解図 7.1　問題 7.1 の状態遷移図

$k = 0, 1, 2, \ldots, n$ とする．「長さ k の連」が成立しているとして，「長さ n の連」が完成するまでの投げる回数を X_k とする．$E(X_n) = 0$ であり，求めるのは $E(X_0)$ である．

「長さ k の連」の状態で硬貨を投げると，確率 $\frac{1}{2}$ で「長さ 1 の連」の状態になり，確率 $\frac{1}{2}$ で「長さ $k+1$ の連」となる．よって，$k = 0, 1, 2, \ldots, n-1$ に対して，

$$E(X_k) = \frac{1}{2}(E(X_{k+1}) + 1) + \frac{1}{2}(E(X_1) + 1)$$

が成立する．この漸化式を変形すると，

$$E(X_{k+1}) - E(X_1) - 2 = 2(E(X_k) - E(X_1) - 2)$$

となり，

$$E(X_k) = E(X_1) + 2 - 2^k$$

が得られる．また，$E(X_n) = 0$ より $E(X_1) = 2^n - 2$ となるから，$E(X_0) = E(X_1) + 1 = 2^n - 1$ である．

7.2 まず，monkey という文字列は六つの異なるアルファベットから構成されていることに注意しておく．同じ文字が含まれている場合は，計算が複雑になる．

記述を簡略にするため，どの文字も確率 $p = \frac{1}{26}$ で現れるとする．X を "monkey" という文字列が現れるまでに打つ文字数とする．どの時点からでも 6 文字打てば少なくとも p^6 の確

率で終了するので，注意 7.1 より期待値 $E(X)$ は存在する．

n 文字打たれたときに，直前の文字の状態によって，以下の七つに分けよう．

(0) 以下の六つ以外

(1) m

(2) mo

(3) mon

(4) monk

(5) monke

(6) monkey

それぞれの状態から始めて終了までの文字数の期待値を $a_0, a_1, a_2, \ldots, a_6$ とおく．$a_6 = 0$ であり，a_0 が求める期待値 $E(X)$ である．

(5) の状態から，次の文字が "y" か "m" かそれ以外かによって 3 種類の状態に移動する．それぞれの状態からの終了までの文字数の期待値が a_6, a_1, a_0 であることから，

$$a_5 = pa_6 + pa_1 + (1-2p)a_0 + 1$$

が成り立つ．同様にして，

$$\begin{aligned}
a_5 &= pa_6 + pa_1 + (1-2p)a_0 + 1 \\
a_4 &= pa_5 + pa_1 + (1-2p)a_0 + 1 \\
a_3 &= pa_4 + pa_1 + (1-2p)a_0 + 1 \\
a_2 &= pa_3 + pa_1 + (1-2p)a_0 + 1 \\
a_1 &= pa_2 + pa_1 + (1-2p)a_0 + 1 \\
a_0 &= pa_1 + (1-p)a_0 + 1
\end{aligned} \tag{A7.1}$$

が成り立つ．上から 5 式のそれぞれの両辺に，上から順に p^5, p^4, p^3, p^2, p をかけて，すべてを足し合わせると，

$$pa_1 = (p^5 + p^4 + p^3 + p^2 + p)\{pa_1 + (1-2p)a_0 + 1\} \tag{A7.2}$$

を得る．式 (A7.1) と式 (A7.2) から，$a_0 = \dfrac{1}{p^6} = 26^6$ が得られる．

7.3　サイコロを 1 回以上投げて，それまでに出た目の和を 5 で割った余りが k であることを状態 k とよぶことにする．状態 k からサイコロの目の和が 5 の倍数になるまで投げる回数を X_k とする．$E(X_0) = 0$ である．最初にサイコロを投げたとき，その目を 5 で割った余りが $0, 2, 3, 4$ となる確率はそれぞれ $\dfrac{1}{6}$ で，1 となる確率は $\dfrac{2}{6}$ である．よって求める量は，

$$E(X) = \frac{1}{6}(E(X_0) + E(X_2) + E(X_3) + E(X_4)) + \frac{2}{6}E(X_1) + 1$$

$$= \frac{1}{6}\left(\sum_{k=0}^{4} E(X_k) + E(X_1)\right) + 1 \qquad\qquad (A7.3)$$

である.

自然数 n を 5 で割った余りを $\langle n \rangle$ と書く. $k = 1, 2, 3, 4$ に対して, 状態 k から 1 回サイコロを投げると, それまでに出た目の総和を 5 で割った余りは $\langle k+1 \rangle, \langle k+2 \rangle, \ldots, \langle k+6 \rangle$ のどれかであり, それらの確率はそれぞれ $\frac{1}{6}$ である. よって,

$$E(X_k) = \frac{1}{6}\sum_{i=1}^{6} E(X_{\langle k+i \rangle}) + 1$$

が得られる. この式の両辺を, $k = 1, 2, 3, 4$ に関して足すと,

$$\sum_{k=1}^{4} E(X_k) = \frac{1}{6}\sum_{k=1}^{4}\sum_{i=1}^{6} E(X_{\langle k+i \rangle}) + 4$$

となる. ここで, $k = 1, 2, 3, 4$ と $i = 1, 2, 3, 4, 5, 6$ の 24 通りの組み合わせを考えると, $\langle k+i \rangle$ は $0, 2, 3, 4$ がそれぞれ 5 回, 1 が 4 回出てくる. したがって,

$$\sum_{k=1}^{4} E(X_k) = \frac{1}{6}\left(5\sum_{k=0}^{4} E(X_k) - E(X_1)\right) + 4$$

となる. ここから, $\sum_{k=0}^{4} E(X_k) + E(X_1) = 24$ が得られ, 式 (A7.3) に代入すると, $E(X) = 5$ が得られる.

7.4 再び $a+b = n$ とおく. また, $k = 0, 1, 2, \ldots, n$ に対して, A が $100k$ 円, B が $100(n-k)$ 円もっている状態を「状態 k」とよぶ. 状態 k から, B が破産する確率を x_k とする. $x_0 = 0$, $x_n = 1$ であり, $k = 1, 2, \ldots, n-1$ に対して,

$$x_k = px_{k+1} + (1-p)x_{k-1}$$

が成り立つ. この式は

$$x_{k+1} - x_k = \frac{1-p}{p}(x_k - x_{k-1}), \quad x_{k+1} - \frac{1-p}{p}x_k = x_k - \frac{1-p}{p}x_{k-1}$$

と変形できる. $\{x_{k+1} - x_k\}$ と $\left\{x_{k+1} - \dfrac{1-p}{p}x_k\right\}$ がそれぞれ等比数列であること, および $x_0 = 0$ であることから,

$$x_{k+1} - x_k = \left(\frac{1-p}{p}\right)^k x_1, \quad x_{k+1} - \frac{1-p}{p}x_k = x_1$$

となる. そこで, x_{k+1} を消去すると, $x_k = \dfrac{1 - \left(\dfrac{1-p}{p}\right)^k}{1 - \dfrac{1-p}{p}} x_1$ が得られる. さらに $x_n = 1$

から，$x_k = \dfrac{1 - \left(\dfrac{1-p}{p}\right)^k}{1 - \left(\dfrac{1-p}{p}\right)^n}$ である．よって，B が破産する確率は $\dfrac{1 - \left(\dfrac{1-p}{p}\right)^a}{1 - \left(\dfrac{1-p}{p}\right)^{a+b}}$ である．

対称性から，A が破産する確率は $\dfrac{1 - \left(\dfrac{p}{1-p}\right)^b}{1 - \left(\dfrac{p}{1-p}\right)^{a+b}}$ であり，A または B が破産する確率は，

$$\dfrac{1 - \left(\dfrac{p}{1-p}\right)^b}{1 - \left(\dfrac{p}{1-p}\right)^{a+b}} + \dfrac{1 - \left(\dfrac{1-p}{p}\right)^a}{1 - \left(\dfrac{1-p}{p}\right)^{a+b}} = \dfrac{(1-p)^{a+b} - p^b(1-p)^a}{(1-p)^{a+b} - p^{a+b}} + \dfrac{p^{a+b} - p^b(1-p)^a}{p^{a+b} - (1-p)^{a+b}} = 1$$

である．

次に，状態 k からどちらかが破産するまでのゲームの回数を T_k とおく．どの状態からでも，n 回のゲームで少なくとも確率 p^n でゲームが終了するので，$E(T_k)$ は存在する．$y_k = E(T_k)$ とおくと，$y_0 = y_{a+b} = 0$ であり，

$$y_k = p(y_{k+1} + 1) + (1-p)(y_{k-1} + 1)$$

が成り立つ．この式は，$p \neq \dfrac{1}{2}$ より，

$$y_{k+1} - y_k + \dfrac{1}{2p-1} = \dfrac{1-p}{p}\left(y_k - y_{k-1} + \dfrac{1}{2p-1}\right)$$
$$y_{k+1} - \dfrac{1-p}{p}y_k = y_k - \dfrac{1-p}{p}y_{k-1} - \dfrac{1}{p}$$

と変形できる．これより，

$$y_{k+1} - y_k + \dfrac{1}{2p-1} = \left(\dfrac{1-p}{p}\right)^k\left(y_1 - y_0 + \dfrac{1}{2p-1}\right)$$
$$y_{k+1} - \dfrac{1-p}{p}y_k = y_1 - \dfrac{1-p}{p}y_0 - \dfrac{k}{p}$$

となり，

$$y_k = \left(y_1 + \dfrac{1}{2p-1}\right)\dfrac{1 - \left(\dfrac{1-p}{p}\right)^k}{1 - \dfrac{1-p}{p}} - \dfrac{k}{2p-1}$$

が得られる．ここで，$y_0 = 0$ を使っている．さらに $y_{a+b} = 0$ より，y_1 を求め，それを代入すると，

$$y_k = \frac{a+b}{2p-1} \cdot \frac{1 - \left(\frac{1-p}{p}\right)^k}{1 - \left(\frac{1-p}{p}\right)^{a+b}} - \frac{k}{2p-1}$$

が得られ，

$$E(T) = E(T_a) = \frac{a+b}{2p-1} \cdot \frac{1 - \left(\frac{1-p}{p}\right)^a}{1 - \left(\frac{1-p}{p}\right)^{a+b}} - \frac{a}{2p-1}$$

となる．

$p \to \frac{1}{2}$ のとき，$E(T) \to ab$ となることを確認しておこう（例 7.1 に相当）．$t = 2p - 1$ と

おけば，$\frac{1-p}{p} = \frac{1 - \frac{t+1}{2}}{\frac{t+1}{2}} = \frac{1-t}{1+t}$ なので，

$$E(T) = \frac{a+b}{t} \cdot \frac{(1+t)^b \{(1+t)^a - (1-t)^a\}}{(1+t)^{a+b} - (1-t)^{a+b}} - \frac{a}{t}$$

となる．また，$p \to \frac{1}{2} \iff t \to 0$ である．ここで，$x \to 0$ のときには，

$$(1+x)^n - (1-x)^n$$
$$= 1 + nx + \frac{n(n-1)}{2}x^2 + O(x^3) - \left\{ 1 - nx + \frac{n(n-1)}{2}x^2 + O(x^3) \right\}$$
$$= 2nx + O(x^3)$$

であることに注意すると，

$$E(T) = \frac{a+b}{t} \cdot \frac{(1 + bt + O(t^2)) \cdot (2at + O(t^3))}{2(a+b)t + O(t^3)} - \frac{a}{t}$$
$$= \frac{2at + 2abt^2 + O(t^3) - a(2t + O(t^3))}{2t^2 + O(t^4)}$$
$$= \frac{2abt^2 + O(t^3)}{2t^2 + O(t^4)} \to ab \quad (t \to 0)$$

となる．

第 8 章

8.1 A が勝つ回数 X は，$n = 1000$，$p = \frac{1}{2}$ とした二項分布 (8.3)に従う．$Z = \frac{X - 500}{\sqrt{250}}$ と

おくと，Z は近似的に標準正規分布 $N(0, 1)$ に従う．$|Z| > 1.96$ となる確率は 5% であり

$$|Z| \geq 1.96 \iff X \leq 469 \text{ または } 531 \leq X$$

であるから，(1) の場合は帰無仮説を採択し，(2) の場合は帰無仮説を棄却する．

8.2 5 または 6 が出る回数 X は，$n = 315672$，$p = \dfrac{1}{3}$ とした二項分布 (8.3) に従う．
$Z = \dfrac{X - 105224}{\sqrt{70149}}$ とおくと，Z は近似的に標準正規分布 $\mathrm{N}(0,1)$ に従う．$|Z| > 2.58$ となる確率は 1% であり

$$|Z| \geq 2.58 \quad \Longleftrightarrow \quad X \leq 104541 \text{ または } 105907 \leq X$$

であるから，帰無仮説を棄却する．

8.3 A が勝つ回数 X は，$p = \dfrac{1}{2}$ とした二項分布 (8.3) に従う．X が棄却域「$X = 0$ または $X = n$」に入る確率は $\dfrac{1}{2^{n-1}}$ である．$\dfrac{1}{2^{n-1}} \leq 0.05$ を満たす条件は $n \geq 6$ である．

8.4 (1) ○ 4 個，× 4 個を一列に並べる方法は $\dbinom{8}{4} = 70$ 通りあるので，でたらめな判定がたまたま正解となる確率は $\dfrac{1}{70}$ となる．

(2) ○ 3 個，× 5 個を一列に並べる方法は $\dbinom{8}{3} = 56$ 通りあるので，でたらめな判定がたまたま正解となる確率は $\dfrac{1}{56}$ となる．

第 9 章

9.1 Z が標準正規分布に従うとき，確率 99% で $|Z| < 2.58$ が成り立つ．式 (9.8) において $n = 315672$，$X = 106602$ とし，右辺の 1.96 を 2.58 とすると，

$$\left| \frac{106602}{315672} - p \right| < 2.58 \sqrt{\frac{p(1-p)}{315672}}$$

となる．右辺の p を $\dfrac{106602}{315672}$ で置き換えると，$0.3355 < p < 0.3399$ を得る．

9.2 (1) 信頼区間 $(0.215, 0.235)$ は $|0.225 - p| < 0.01$ と表せる．式 (9.16) において，1.96 を z_0 で置き換えることにより

$$|0.225 - p| < z_0 \sqrt{\frac{0.225 \times 0.775}{2000}} = 0.01$$

が成り立つとすると，$z_0 = 1.071$ となる．Z が標準正規分布に従うとき，$|Z| < 1.071$ が成り立つ確率は 0.716 であるから，信頼区間 $(0.215, 0.235)$ の信頼係数は 0.716 である．

(2) 式 (9.16) において，サンプルの大きさを n で置き換えることにより，信頼区間 $(0.215, 0.235)$（すなわち $|0.225 - p| < 0.01$）が得られるとすると，

$$|0.225 - p| < 1.96 \sqrt{\frac{0.225 \times 0.775}{n}} = 0.01$$

$$\therefore \quad n = 6700$$

9.3 出口調査の結果に基づいて，候補者 A の真の得票率 p の信頼区間を作る．信頼係数を 0.95 とする．この場合，式 (9.8) は

$$\left| \frac{60}{100} - p \right| < 1.96 \sqrt{\frac{p(1-p)}{100}}$$

となるが，右辺の p を $\dfrac{60}{100}$ で置き換えると $0.504 < p < 0.696$ を得る．すなわち $p > 0.5$ が成り立つと推定できるから，A は当選確実であるといってよい（ただし 9.4 節で説明したように，「A が当選する確率は 95% である」という表現には注意を要する）．

9.4 (1) 大きさ n の標本は $\dbinom{N}{n}$ 通りあり，そのうち，性質 A をもつ成員が x 個，性質 A をもたない成員が $n - x$ 個である標本は $\dbinom{M}{x}\dbinom{N-M}{n-x}$ 通りである．

(2) n を固定して $N \to \infty$ とするとき

$$\binom{N}{n}\frac{1}{N^n} = \frac{N(N-1)(N-2)\cdots(N-n+1)}{n!N^n}$$
$$= \frac{1}{n!}\left(1 - \frac{1}{N}\right)\left(1 - \frac{2}{N}\right)\cdots\left(1 - \frac{n-1}{n}\right) \to \frac{1}{n!}$$

となり，同様に，x を固定して $M \to \infty$ とするとき

$$\binom{M}{x}\frac{1}{M^x} \to \frac{1}{x!}$$

となる．また，n, x を固定して $N - M \to \infty$ とするとき

$$\binom{N-M}{n-x}\frac{1}{(N-M)^{n-x}} \to \frac{1}{(n-x)!}$$

となる．よって，$M = Np$ として，p を固定して $N \to \infty$ とすると，

$$q_x = \frac{\dfrac{1}{M^x}\dbinom{M}{x}\dfrac{1}{(N-M)^{n-x}}\dbinom{N-M}{n-x}}{\dfrac{1}{N^n}\dbinom{N}{n}}\frac{M^x(N-M)^{n-x}}{N^n} \to \frac{n!}{x!(n-x)!}p^x(1-p)^{n-x}$$

となる．

9.5 2000 人でよい．9.3 節の考察に母集団（県民全体）の大きさは現れない．つまり，母集

団は全県民でも全国民でもよい.

9.6 式 (9.14) を用いて,p について,信頼係数 5% の信頼区間を作る.式 (9.14) に $n = 100$, $z_0 = 1.96$, $X = 0$ を代入すると,

$$|p| < 1.96\sqrt{\frac{p(1-p)}{100}}$$

となり,これを解いて $p < 0.037$ を得る.

 (注) 上記の考察では二項分布を正規分布で近似しているが,二項分布 $\mathrm{Bi}(n, p)$ は,n が大きいとき,$\lambda = np$ のポアソン分布で近似できるというのが基本である (6.3.1 項).しかし,特に $\lambda = np > 10$ のときは,ポアソン分布を正規分布 $\mathrm{N}(np, np(1-p))$ で近似できるので,二項分布を正規分布で近似することが可能になるということである.したがって,$np < 10$ (すなわち $p < 0.1$) なる p については,式 (9.14) ではなく,$\lambda = np$ のポアソン分布に依拠した X の範囲を用いるべきである.詳細は省くが,ポアソン分布を用いても,おおむね上記の結論が支持される.

第 10 章

10.1 帰無仮説を「各月の発症確率は $\frac{1}{12}$ である」とする.式 (10.13) において,$N = 184, r = 12, p_j = \frac{1}{12}$ とすると,

$$\chi^2 = \frac{12}{184}(23^2 + 21^2 + \cdots + 20^2) - 184 = 17$$

となる.自由度 11 の χ^2 分布では,確率 0.05 で $\chi^2 > 19.675$ が成り立つ.よって,有意水準 5% で帰無仮説を採択する.

10.2 帰無仮説を「$p_1 = \frac{9}{16}, p_2 = \frac{3}{16}, p_3 = \frac{3}{16}, p_4 = \frac{1}{16}$」とする.式 (10.13) より

$$\chi^2 = \frac{1}{560}\left(\frac{16}{9}328^2 + \frac{16}{3}122^2 + \frac{16}{3}77^2 + \frac{16}{1}33^2\right) - 560 = 10.87$$

となる.自由度 3 の χ^2 分布では,確率 0.05 で $\chi^2 > 7.8147$ が成り立つ.よって,有意水準 5% で帰無仮説を棄却する.

 (注) 「縮れた葉」をもつ株における「Lee 眼紋」型とは,「平らな葉」をもつ株における「正常」型に相当する眼紋型 (花の中央部に色がついてできた模様) であると考えられている.

10.3 (1) 帰無仮説を「$p_1 = \frac{1}{4}, p_2 = \frac{1}{2}, p_3 = \frac{1}{4}$」とする.式 (10.13) より

$$\chi^2 = \frac{1}{100}(4 \times 22^2 + 2 \times 56^2 + 4 \times 22^2) - 100 = 1.44$$

となる.自由度 2 の χ^2 分布では,確率 0.05 で $\chi^2 > 5.9915$ が成り立つ.よって,有意水準 5% で帰無仮説を採択する.

(2) 帰無仮説を「$p_1 = \dfrac{1}{3}, p_2 = \dfrac{1}{3}, p_3 = \dfrac{1}{3}$」とする. 式 (10.13)より

$$\chi^2 = \frac{1}{100}(3 \times 22^2 + 3 \times 56^2 + 3 \times 22^2) - 100 = 23.12$$

となる. よって, 有意水準 5%で帰無仮説を棄却する.

　（注）まったく区別がつかない 2 枚の硬貨を投げたとき, (1) の仮説が正しいと主張できるだろうか. 素粒子の世界では, (1) の仮説は誤りであることが実験事実として知られている. 硬貨の場合 (1) の仮説が正しいことは, 硬貨投げの実験によって確かめられるのである. サイコロ投げ（ミッション 1.1）についても同様のことがいえる. トスカナ大公は問題 10.3 (2) に相当する見方をしており, ガリレイは問題 10.3 (1) に相当する見方をしている. トスカナ大公の見方は誤りであり, ガリレイの見方が正しいという根拠は, 前者は経験事実に適合せず, 後者は適合するという事実にある. 確率モデルの正しさは, 現象に基づいて判定すべきであり, その際統計学が重要な役割を果たすことになる.

10.4　$X_2 - Np_2 = Np_1 - X_1$ であるから

$$\frac{(X_1 - Np_1)^2}{Np_1} + \frac{(X_2 - Np_2)^2}{Np_2} = (X_1 - Np_1)^2 \left(\frac{1}{Np_1} + \frac{1}{Np_2}\right) = \frac{(X_1 - Np_1)^2}{Np_1 p_2}$$

となる.

第 11 章

11.1　式 (11.12)は, 式 (11.9), (11.5)により, 次のように示せる.

$$E(\bar{X}) = E\left(\frac{1}{n}\sum_{j=1}^{n} X_j\right) = \frac{1}{n}\sum_{j=1}^{n} E(X_j) = \mu_X$$

式 (11.13)については,

$$E(\bar{X}^2) = \frac{1}{n^2}\sum_{j=1}^{n}\sum_{k=1}^{n} E(X_j X_k)$$

の二重和を $j = k$ の場合と $j \neq k$ の場合に分けて

$$E(\bar{X}^2) = \frac{1}{n^2}\sum_{j=1}^{n} E(X_j^2) + \frac{1}{n^2}\sum_{j \neq k} E(X_j X_k)$$

とし, 式 (11.6), (11.7)を用いると

$$E(\bar{X}^2) = \frac{1}{n^2}n(\mu_X^2 + \sigma_X^2) + \frac{1}{n^2}n(n-1)\mu_X^2 = \mu_X^2 + \frac{1}{n}\sigma_X^2$$

$$\therefore \quad V(\bar{X}) = E(\bar{X}^2) - E(\bar{X})^2 = \frac{1}{n}\sigma_X^2$$

となる. 式 (11.14) については, 式 (11.11) を

$$S_X^2 = \frac{1}{n} \sum_{j=1}^{n} X_j^2 - \bar{X}^2$$

のように変形すれば,

$$E(S_X^2) = \frac{1}{n} \sum_{j=1}^{n} E(X_j^2) - E(\bar{X}^2) = (\mu_X^2 + \sigma_X^2) - \left(\mu_X^2 + \frac{1}{n}\sigma_X^2 \right) = \frac{n-1}{n}\sigma_X^2$$

となる.

11.2 健常者のデータの場合, 自由度は 6 であり, 自由度 6 の t 分布では, 確率 0.95 で $|t| \leq 2.447$ が成り立つ. $\bar{Y} = 1182, s_Y^2 = 20910$ であるから, μ_Y の信頼区間は, 信頼係数を 0.95 として

$$\left| \frac{1182 - \mu_Y}{\frac{1}{\sqrt{7}} \sqrt{20910}} \right| \leq 2.447 \tag{A11.1}$$

$$\therefore \quad 1048 \leq \mu_Y \leq 1316 \tag{A11.2}$$

となる.

11.3 Z の実現値は $-3.3, -8.4, ..., -2.9$ であり, 標本平均 $\bar{Z}$ は -0.28, 不偏分散 s_Z^2 は 5.643 となる. したがって, $t = \dfrac{\bar{Z}}{\frac{1}{\sqrt{15}}s_Z}$ の実現値は -4.369 である. 帰無仮説 $\mu_Z = 0$ のもとで, t は自由度 14 の t 分布に従い, 確率 0.05 で $|t| > 2.145$ が成り立つ. よって, 有意水準 5% で帰無仮説を棄却する.

11.4 (1) 式 (11.22), (11.23) で定義される c, t の実現値は, ($m = 15, n = 15$ であるから)

$$c = \frac{14 \times 4.217 + 14 \times 3.730}{28} \left(\frac{1}{15} + \frac{1}{15} \right) = 0.5298$$

$$t = \frac{30.21 - 32.89}{\sqrt{0.5298}} = -3.682$$

となる. 等平均の帰無仮説 $\mu_x = \mu_y$ のもとで, t は自由度 28 の t 分布に従い, 確率 0.05 で $|t| \geq 2.048$ が成り立つ. よって, 有意水準 5% で帰無仮説を棄却する.

(2) 定理 11.2 では, 〈独立な正規母集団の仮定〉(11.3 節) が成立することを前提にしている. しかし, 表 11.2 が同じ年の同じ日の東京と大阪の最高気温であるとすると, X と Y の独立性を仮定することは妥当ではないだろう. したがって, (1) の検定は適切ではないと考えられる (この場合には, 問題 11.3 の方法を用いるべきである).

付　表

付表 1　標準正規分布表

$$\varphi(x) = \frac{1}{\sqrt{2\pi}} \exp\left(-\frac{x^2}{2}\right)$$

$$\Phi(z) = \int_0^z \varphi(x)dx$$

各 z に対する $\Phi(z)$ の値の表

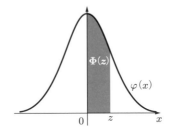

z	0	0.01	0.02	0.03	0.04	0.05	0.06	0.07	0.08	0.09
0	0.000	0.004	0.008	0.012	0.016	0.020	0.024	0.028	0.032	0.036
0.1	0.040	0.044	0.048	0.052	0.056	0.060	0.064	0.067	0.071	0.075
0.2	0.079	0.083	0.087	0.091	0.095	0.099	0.103	0.106	0.110	0.114
0.3	0.118	0.122	0.126	0.129	0.133	0.137	0.141	0.144	0.148	0.152
0.4	0.155	0.159	0.163	0.166	0.170	0.174	0.177	0.181	0.184	0.188
0.5	0.191	0.195	0.198	0.202	0.205	0.209	0.212	0.216	0.219	0.222
0.6	0.226	0.229	0.232	0.236	0.239	0.242	0.245	0.249	0.252	0.255
0.7	0.258	0.261	0.264	0.267	0.270	0.273	0.276	0.279	0.282	0.285
0.8	0.288	0.291	0.294	0.297	0.300	0.302	0.305	0.308	0.311	0.313
0.9	0.316	0.319	0.321	0.324	0.326	0.329	0.331	0.334	0.336	0.339
1	0.341	0.344	0.346	0.348	0.351	0.353	0.355	0.358	0.360	0.362
1.1	0.364	0.367	0.369	0.371	0.373	0.375	0.377	0.379	0.381	0.383
1.2	0.385	0.387	0.389	0.391	0.393	0.394	0.396	0.398	0.400	0.401
1.3	0.403	0.405	0.407	0.408	0.410	0.411	0.413	0.415	0.416	0.418
1.4	0.419	0.421	0.422	0.424	0.425	0.426	0.428	0.429	0.431	0.432
1.5	0.433	0.434	0.436	0.437	0.438	0.439	0.441	0.442	0.443	0.444
1.6	0.445	0.446	0.447	0.448	0.449	0.451	0.452	0.453	0.454	0.454
1.7	0.455	0.456	0.457	0.458	0.459	0.460	0.461	0.462	0.462	0.463
1.8	0.464	0.465	0.466	0.466	0.467	0.468	0.469	0.469	0.470	0.471
1.9	0.471	0.472	0.473	0.473	0.474	0.474	0.475	0.476	0.476	0.477
2	0.477	0.478	0.478	0.479	0.479	0.480	0.480	0.481	0.481	0.482
2.1	0.482	0.483	0.483	0.483	0.484	0.484	0.485	0.485	0.485	0.486
2.2	0.486	0.486	0.487	0.487	0.487	0.488	0.488	0.488	0.489	0.489
2.3	0.489	0.490	0.490	0.490	0.490	0.491	0.491	0.491	0.491	0.492
2.4	0.492	0.492	0.492	0.492	0.493	0.493	0.493	0.493	0.493	0.494
2.5	0.494	0.494	0.494	0.494	0.494	0.495	0.495	0.495	0.495	0.495
2.6	0.495	0.495	0.496	0.496	0.496	0.496	0.496	0.496	0.496	0.496
2.7	0.497	0.497	0.497	0.497	0.497	0.497	0.497	0.497	0.497	0.497
2.8	0.497	0.498	0.498	0.498	0.498	0.498	0.498	0.498	0.498	0.498
2.9	0.498	0.498	0.498	0.498	0.498	0.498	0.498	0.499	0.499	0.499
3	0.499	0.499	0.499	0.499	0.499	0.499	0.499	0.499	0.499	0.499

付表 2 χ^2 分布表

ν は自由度，α は確率点
f_ν は自由度 ν の χ^2 分布の密度関数
$\alpha = \displaystyle\int_z^\infty f_\nu(x)dx$ を満たす z の値の表

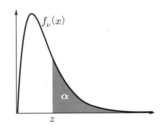

ν＼α	0.99	0.975	0.95	0.9	0.1	0.05	0.025	0.01	0.005
1	0.000	0.001	0.004	0.016	2.706	3.841	5.024	6.635	7.879
2	0.020	0.051	0.103	0.211	4.605	5.991	7.378	9.210	10.597
3	0.115	0.216	0.352	0.584	6.251	7.815	9.348	11.345	12.838
4	0.297	0.484	0.711	1.064	7.779	9.488	11.143	13.277	14.860
5	0.554	0.831	1.145	1.610	9.236	11.070	12.833	15.086	16.750
6	0.872	1.237	1.635	2.204	10.645	12.592	14.449	16.812	18.548
7	1.239	1.690	2.167	2.833	12.017	14.067	16.013	18.475	20.278
8	1.646	2.180	2.733	3.490	13.362	15.507	17.535	20.090	21.955
9	2.088	2.700	3.325	4.168	14.684	16.919	19.023	21.666	23.589
10	2.558	3.247	3.940	4.865	15.987	18.307	20.483	23.209	25.188
11	3.053	3.816	4.575	5.578	17.275	19.675	21.920	24.725	26.757
12	3.571	4.404	5.226	6.304	18.549	21.026	23.337	26.217	28.300
13	4.107	5.009	5.892	7.042	19.812	22.362	24.736	27.688	29.819
14	4.660	5.629	6.571	7.790	21.064	23.685	26.119	29.141	31.319
15	5.229	6.262	7.261	8.547	22.307	24.996	27.488	30.578	32.801
16	5.812	6.908	7.962	9.312	23.542	26.296	28.845	32.000	34.267
17	6.408	7.564	8.672	10.085	24.769	27.587	30.191	33.409	35.718
18	7.015	8.231	9.390	10.865	25.989	28.869	31.526	34.805	37.156
19	7.633	8.907	10.117	11.651	27.204	30.144	32.852	36.191	38.582
20	8.260	9.591	10.851	12.443	28.412	31.410	34.170	37.566	39.997
21	8.897	10.283	11.591	13.240	29.615	32.671	35.479	38.932	41.401
22	9.542	10.982	12.338	14.041	30.813	33.924	36.781	40.289	42.796
23	10.196	11.689	13.091	14.848	32.007	35.172	38.076	41.638	44.181
24	10.856	12.401	13.848	15.659	33.196	36.415	39.364	42.980	45.559
25	11.524	13.120	14.611	16.473	34.382	37.652	40.646	44.314	46.928
26	12.198	13.844	15.379	17.292	35.563	38.885	41.923	45.642	48.290
27	12.879	14.573	16.151	18.114	36.741	40.113	43.195	46.963	49.645
28	13.565	15.308	16.928	18.939	37.916	41.337	44.461	48.278	50.993
29	14.256	16.047	17.708	19.768	39.087	42.557	45.722	49.588	52.336
30	14.953	16.791	18.493	20.599	40.256	43.773	46.979	50.892	53.672

付表 3　t 分布表

ν は自由度，α は確率点

f_ν は自由度 ν の t 分布の密度関数

$\alpha = \displaystyle\int_z^\infty f_\nu(x)dx$ を満たす z の値の表

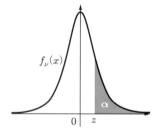

ν \ α	0.25	0.2	0.15	0.1	0.05	0.025	0.01	0.005	0.001
1	1.000	1.376	1.963	3.078	6.314	12.706	31.821	63.657	318.309
2	0.816	1.061	1.386	1.886	2.920	4.303	6.965	9.925	22.327
3	0.765	0.978	1.250	1.638	2.353	3.182	4.541	5.841	10.215
4	0.741	0.941	1.190	1.533	2.132	2.776	3.747	4.604	7.173
5	0.727	0.920	1.156	1.476	2.015	2.571	3.365	4.032	5.893
6	0.718	0.906	1.134	1.440	1.943	2.447	3.143	3.707	5.208
7	0.711	0.896	1.119	1.415	1.895	2.365	2.998	3.499	4.785
8	0.706	0.889	1.108	1.397	1.860	2.306	2.896	3.355	4.501
9	0.703	0.883	1.100	1.383	1.833	2.262	2.821	3.250	4.297
10	0.700	0.879	1.093	1.372	1.812	2.228	2.764	3.169	4.144
11	0.697	0.876	1.088	1.363	1.796	2.201	2.718	3.106	4.025
12	0.695	0.873	1.083	1.356	1.782	2.179	2.681	3.055	3.930
13	0.694	0.870	1.079	1.350	1.771	2.160	2.650	3.012	3.852
14	0.692	0.868	1.076	1.345	1.761	2.145	2.624	2.977	3.787
15	0.691	0.866	1.074	1.341	1.753	2.131	2.602	2.947	3.733
16	0.690	0.865	1.071	1.337	1.746	2.120	2.583	2.921	3.686
17	0.689	0.863	1.069	1.333	1.740	2.110	2.567	2.898	3.646
18	0.688	0.862	1.067	1.330	1.734	2.101	2.552	2.878	3.610
19	0.688	0.861	1.066	1.328	1.729	2.093	2.539	2.861	3.579
20	0.687	0.860	1.064	1.325	1.725	2.086	2.528	2.845	3.552
21	0.686	0.859	1.063	1.323	1.721	2.080	2.518	2.831	3.527
22	0.686	0.858	1.061	1.321	1.717	2.074	2.508	2.819	3.505
23	0.685	0.858	1.060	1.319	1.714	2.069	2.500	2.807	3.485
24	0.685	0.857	1.059	1.318	1.711	2.064	2.492	2.797	3.467
25	0.684	0.856	1.058	1.316	1.708	2.060	2.485	2.787	3.450
26	0.684	0.856	1.058	1.315	1.706	2.056	2.479	2.779	3.435
27	0.684	0.855	1.057	1.314	1.703	2.052	2.473	2.771	3.421
28	0.683	0.855	1.056	1.313	1.701	2.048	2.467	2.763	3.408
29	0.683	0.854	1.055	1.311	1.699	2.045	2.462	2.756	3.396
30	0.683	0.854	1.055	1.310	1.697	2.042	2.457	2.750	3.385

参考文献

▨文献紹介

　確率および統計は数学の応用分野である．そのため，使うことのできる数学が増えれば，より複雑な確率および統計の議論ができるようになる．本書は1変数の微分積分学と，場合の数や記述統計についての基本的な知識がある読者に向けて，確率および統計の基本的な考え方を紹介したものである．

数学

　基本的な微分積分学，場合の数，記述統計について復習したい方には，結城『数学ガールの秘密ノート』シリーズ[12–15] などを薦める．

　より発展的な確率や統計を議論するためには，線形代数，多変数の微積分学，関数論，測度論，関数解析，プログラミングなどの分野を学ぶとよい．全部を理解しなければ確率や統計を議論できないというわけではないので，必要に応じて順番に学んでほしい．

確率および統計

　線形代数および多変数の微分積分学を学んだら，微積分に基づく確率および統計の理論として，薩摩『確率・統計』[16] や『統計学入門』[18] などを薦める．

　関数論および測度論を学んだら，測度論に基づく確率の理論として，舟木『確率論』[17] や熊谷『確率論』[11] などを薦める．確率について一通り学んだら，古典確率を体系化したラプラスによる『確率の哲学的試論』[4] や，現代確率の基礎付けであるコルモゴロフ『確率論の基礎概念』[3] などの古典にも挑戦してほしい．

　統計学の数学的側面を学びたい場合には，稲垣『数理統計学』[9] などから始めるのがよいだろう．実際にデータを扱って統計処理をしたければ，プログラミングを学んだあと，奥村『Rで楽しむ統計』[10] などを薦める．

確率の歴史および哲学

　確率論史の主な引用元は，トドハンター『確率論史』[6] であるが大著である．概観するには『確率は迷う―道標となった古典的な33の問題―』[2] などがよいかもしれない．より専門的には，安藤『確率論の黎明』[8] やフランクリン『「蓋然性」の探求』[7] などを薦める．

　確率の哲学については，筆者が監訳したチルダーズ『確率と哲学』などを参考にしていただきたい．

■参考文献一覧

[1] チルダーズ. **確率と哲学**. 九夏社, 2020. 宮部賢志（監訳）, 芦屋雄高（翻訳）.

[2] P. Gorroochurn. **確率は迷う ——道標となった古典的な 33 の問題——**. 共立出版, 2018. 野間口謙太郎（翻訳）.

[3] A. N. Kolmogorov. **確率論の基礎概念**. 筑摩書房, 2010. 坂本實（翻訳）.

[4] P. S. Laplace. **確率の哲学的試論**. 岩波文庫, 1997. 内井惣七（翻訳）.

[5] M. M. Meerschaert. **数理モデリング入門 ——ファイブ・ステップ法—— 原著第 4 版**. 共立出版, 2015. 佐藤一憲, 梶原毅, 佐々木徹, 竹内康博, 宮崎倫子, 守田智（翻訳）.

[6] アイザック・トドハンター. **新装版 確率論史**. 現代数学社, 2017. 安藤洋美（翻訳）.

[7] ジェームズ・フランクリン. **「蓋然性」の探求—古代の推論術から確率論の誕生まで—**. みすず書房, 2018. 南條郁子（翻訳）.

[8] 安藤洋美. **確率論の黎明**. 現代数学社, 2007.

[9] 稲垣宣生. **数理統計学**. 裳華房, 2003.

[10] 奥村晴彦. **R で楽しむ統計**. 共立出版, 2016.

[11] 熊谷隆. **確率論**. 共立出版, 2003.

[12] 結城浩. **数学ガールの秘密ノート/微分を追いかけて**. SB クリエイティブ, 2015.

[13] 結城浩. **数学ガールの秘密ノート/やさしい統計**. SB クリエイティブ, 2016.

[14] 結城浩. **数学ガールの秘密ノート/場合の数**. SB クリエイティブ, 2016.

[15] 結城浩. **数学ガールの秘密ノート/積分を見つめて**. SB クリエイティブ, 2017.

[16] 薩摩順吉. **確率・統計 (理工系の数学入門コース 新装版)**. 岩波書店, 2019.

[17] 舟木直久. **確率論**. 朝倉書店, 2004.

[18] 東京大学教養学部統計学教室 編. **統計学入門 (基礎統計学 I)**. 東京大学出版会, 1991.

索　引

著 者 略 歴

渡辺 浩（わたなべ・ひろし）
　1986 年　東京都立大学大学院理学研究科博士課程修了
　2012 年　明治大学理工学部数学科教授
　　　　　現在に至る
　　　　　理学博士
　　　　　研究分野は数理物理学，くりこみ群解析.

宮部 賢志（みやべ・けんし）
　2010 年　京都大学大学院理学研究科数学・数理解析専攻博士後期課程修了
　2014 年　明治大学理工学部数学科専任講師
　2017 年　明治大学理工学部数学科准教授
　　　　　現在に至る
　　　　　博士（理学）
　　　　　研究分野はアルゴリズム的ランダムネスの理論，ゲーム論的確率
　　　　　論，汎用人工知能など.

　編集担当　上村紗帆(森北出版)
　編集責任　藤原祐介(森北出版)
　組　　版　藤原印刷
　印　　刷　同
　製　　本　同

確率統計入門
　—モデル化からその解析へ—　　　　　　　　ⓒ 渡辺　浩・宮部賢志　2020

2020 年 3 月 31 日　第 1 版第 1 刷発行　　【本書の無断転載を禁ず】

著　　　者　渡辺　浩・宮部賢志
発 行 者　森北博巳
発 行 所　森北出版株式会社
　　　　　東京都千代田区富士見 1-4-11（〒 102-0071）
　　　　　電話 03-3265-8341 ／ FAX 03-3264-8709
　　　　　https://www.morikita.co.jp/
　　　　　日本書籍出版協会・自然科学書協会　会員
　　　　　JCOPY ＜（一社）出版者著作権管理機構　委託出版物＞

落丁・乱丁本はお取替えいたします.

Printed in Japan ／ ISBN978-4-627-08231-1